国家重点研发计划项目课题（2022YFC3004603）
江苏省创新支撑计划国际科技合作项目（BZ2023050）
国家自然科学基金面上项目（52274098，52274147）
国家自然科学基金区域创新发展联合基金重点项目（U21A20110）

大埋深厚表土坚硬覆岩复杂条件下冲击地压机理与防治

胡　兵　曹安业　李永元　王　强

马新根　高　文　李振雷　吕国伟　薛成春／著

中国矿业大学出版社

·徐州·

内 容 提 要

冲击地压是我国煤矿安全开采面临的重大难题,严重威胁我国深部煤炭资源安全开发。本书根据新庄煤矿大埋深厚表土坚硬覆岩的典型特征,系统性分析与总结了新庄煤矿冲击孕育致灾机理;通过研究大埋深厚表土坚硬覆岩煤岩体破裂过程支承压力分布带特征,设计了新庄煤矿冲击地压区域治理和优化方案;提出了以大直径钻孔、煤层爆破以及顶板爆破等为主的卸压解危方案,以及综合微震监测、应力监测和钻屑法监测等的区域与局部相结合的监测预警方案;建立了独具特色的冲击地压及复合灾害治理技术体系;构建了新庄煤矿冲击地压及复合灾害监测预警技术体系。

本书可供冲击地压、矿震或其他煤岩动力灾害等领域的广大工程技术人员、科技工作者、研究生、本科生参考使用。

图书在版编目(CIP)数据

大埋深厚表土坚硬覆岩复杂条件下冲击地压机理与防治 / 胡兵等著. —徐州:中国矿业大学出版社,2024.3

ISBN 978 - 7 - 5646 - 6128 - 1

Ⅰ. ①大… Ⅱ. ①胡… Ⅲ. ①煤矿—冲击地压—防治—研究 Ⅳ. ①TD324

中国国家版本馆 CIP 数据核字(2023)第 241915 号

书 名	大埋深厚表土坚硬覆岩复杂条件下冲击地压机理与防治
著 者	胡 兵 曹安业 李永元 王 强 马新根 高 文 李振雷 吕国伟 薛成春
责任编辑	耿东锋
出版发行	中国矿业大学出版社有限责任公司
	(江苏省徐州市解放南路 邮编 221008)
营销热线	(0516)83885370 83884103
出版服务	(0516)83995789 83884920
网 址	http://www.cumtp.com E-mail:cumtpvip@cumtp.com
印 刷	苏州市古得堡数码印刷有限公司
开 本	787 mm×1092 mm 1/16 **印张** 11 **字数** 281 千字
版次印次	2024 年 3 月第 1 版 2024 年 3 月第 1 次印刷
定 价	62.00 元

(图书出现印装质量问题,本社负责调换)

前　言

随着我国煤矿开采深度和强度的不断增加,冲击地压已成为深部矿井开采面临的主要动力灾害之一。冲击地压发生时将导致煤岩层瞬间破坏并伴随有煤粉和岩石的冲击,造成井巷破坏事件和人身伤亡事故,直接制约着煤矿安全生产和煤炭企业的科学稳定发展。

新庄井田位于鄂尔多斯盆地南缘宁正矿区西南部,为侏罗系煤田,井田表土覆盖层厚,巷道埋深大,煤层顶板和底板岩石强度低、稳定性差,褶皱、断层等地质构造分布复杂。经鉴定,新庄煤矿煤8层具有弱冲击倾向性,经评价,煤8层首采盘区具有中等冲击危险。在矿井开采期间,冲击地压将是矿井面临的主要灾害之一。本书以冲击地压致灾机理为切入点,基于大埋深厚表土坚硬覆岩复杂条件,围绕矿井地质条件、开采条件,研究符合矿井实际的采区布置、开采方式、冲击地压治理等关键技术,揭示大埋深复杂条件下冲击地压发生机理,研究得出适用于新庄煤矿乃至宁正井田冲击地压等复合灾害条件下本质安全的防治技术体系。

全书共计6章。第1章介绍了新庄煤矿基本情况和采掘过程中的矿压显现历史。第2章分析了新庄煤矿大埋深厚表土坚硬覆岩特征下冲击地压主要影响因素和冲击孕育致灾机理。第3章数值模拟分析了煤岩体破裂过程中支承压力分布带特征。第4章介绍了新庄煤矿以大直径钻孔、煤层爆破以及顶板爆破等为主的卸压解危方案和以微震、应力监测和钻屑法等区域与局部相结合的监测预警方案。第5章介绍了新庄煤矿冲击地压及复合灾害治理技术体系。第6章介绍了新庄煤矿冲击地压监测预警技术体系。

本书的编写参阅了大量国内外有关冲击地压的专业文献,谨向文献的作者表示感谢。衷心感谢中国矿业大学-安徽理工大学冲击地压防治工程研究中心、江苏省矿山地震监测工程实验室、江苏省煤矿冲击地压防治工程技术研究中心、徐州弘毅科技发展有限公司的研究人员对新庄煤矿冲击地压防治的技术支持。感谢硕士研究生周梦梦、鲍耀、吴柏萱，他们在书稿的文字录入、绘图排版和校对等方面的辛勤劳动，使得本书得以尽快出版与大家见面。

冲击地压是世界性难题，书中疏漏之处在所难免，敬请读者不吝指正。

著　者

2023 年 12 月

目　　录

第 1 章　概　　述

1.1　矿井情况

1.1.1　位置与交通

新庄井田位于宁县县城南约 15 km 处,行政区划隶属宁县新庄镇和中村乡。地理坐标为:东经 107°43′59″～107°59′55″;北纬 35°14′41″～35°22′19″。井田范围由 47 个拐点圈定,东西长约 20.0 km,南北宽 7.6～12.5 km,面积 206.282 3 km²。井田周边主要公路有 G312、G211 国道和 S202 省道。自井田西南部的长庆桥向西与 G312 国道在罗汉洞相接,里程约 25 km,从长庆桥向南经凤翔路口与 G312 国道相接,距离约 13 km;从井田东南部的政平乡向北有公路在早胜与 G211 国道相接,里程约 13 km;S202 省道从井田西部通过。

根据宁正矿区总体规划,矿区规划总生产规模为 20.0 Mt/a,共规划两对矿井,分别为核桃峪煤矿和新庄煤矿。新庄煤矿与核桃峪煤矿属于同一煤田,人为划分为相互毗邻的两个井田,井田关系如图 1-1 所示。

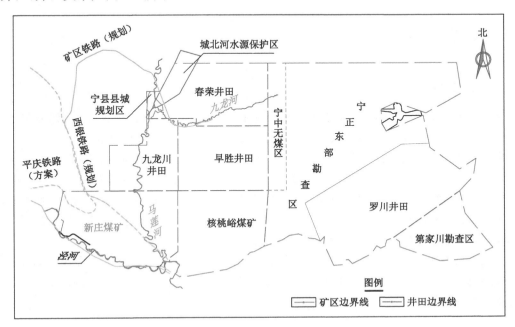

图 1-1　井田关系图

1.1.2 地形地貌

井田位于子午岭以西,地表水均属泾河水系,东部从北至南发育九龙河、无日天沟、四郎河、支党河等主要常年性河流,流向近西南;中部有马莲河,流向南;西侧为蒲河和泾河,这些河在本区西南汇入泾河。其中流经井田的有马莲河、泾河和无日天沟。

井田在陇东高原的东南部,地貌主要包括黄土塬、黄土宽梁和河谷阶地(图1-2)。地势北高南低,区内海拔890～1 235 m,塬面总体由北向南及由东向西方向倾斜,塬面与沟谷底部相对高差200～345 m。最低侵蚀基准面标高890 m,位于井田西南的泾河河谷。

图1-2　新庄井田典型地貌

1.2　煤层条件

1.2.1　含煤性

井田含煤地层为中侏罗统延安组,270个钻孔中,有246个钻孔见延安组,揭露最大厚度83.17 m(N015号孔),最小厚度0.94 m(N203号孔),平均厚度41.16 m。

延安组共含煤3层,自下而上为煤8层、煤5层和煤2层,分属延安组下部的三个含煤段,即第一、二、三段,煤8层、煤5层为大部分可采煤层;区内煤5层成对出现,分为煤5-1层和煤5-2层;煤2层井田内大部分缺失,仅在东部有少数钻孔见煤2层,钻孔揭露厚度0.15 m(N023号孔)～3.37 m(N017号孔),平均厚度为0.92 m,仅有4个可采见煤点,一般为单煤层,因见煤钻孔少,分布零星,定为不可采煤层。

延安组煤层总厚度0.39 m(NK615号孔)～30.98 m(NK403号孔),含煤系数27%。可采煤层总厚度0.88 m(NK504号孔)～30.98 m(NK403号孔),平均可采总厚度12.05 m,可采含煤系数29%。

1.2.2　煤层条件

井田内延安组含煤5-1层、煤5-2层和煤8层三层可采煤层(见表1-1)。其中,煤5-1层和煤 5-2 层属较稳定的大部可采煤层,为井田内的次要可采煤层;煤 8 层属较稳定的大部可采煤层,为井田内的主要可采煤层。

表 1-1　可采煤层特征一览表

煤层编号	可采煤层厚度/m $\left(\dfrac{最小\sim最大}{平均(点数)}\right)$	煤层结构	夹矸层数/层	夹矸真厚/m	可采指数/%	可采性	稳定性
煤 5-1 层	$\dfrac{0.85\sim3.48}{2.25(86)}$	简单	0～1	0.1～0.78	71	大部可采	较稳定
煤 5-2 层	$\dfrac{0.85\sim4.49}{1.28(75)}$	简单	0～2	0.1～0.6	72	大部可采	较稳定
煤 8 层	$\dfrac{0.88\sim27.42}{8.71(240)}$	简单	0～2	0.1～2.1	95	大部可采	较稳定

其中煤 8 层位于延安组第一段,层位稳定,270 个钻孔中有 243 个钻孔见煤,246 个钻孔穿过层位,煤层埋深 653.97 m(NK212 号孔)～1 248.78 m(N802 号孔),煤层厚度 0.88 m(补 108 号孔)～27.42 m(N504 号孔),平均厚度 8.71 m。井田中仅邓家背斜和南部罗家堡背斜轴部无分布,其余地段均有煤 8 层,煤 8 层分布及厚度等值线图如图 1-3 所示。特厚煤层主要分布在新庄向斜和乔家庙向斜轴部,沿向斜两翼基本对称分布有厚煤层、中厚煤层及薄煤层。可采面积占煤层分布面积的 95%,占井田总面积的 77%。煤层结构简单,含夹矸 0～2 层,夹矸岩性主要为泥岩、碳质泥岩;有 9 个孔为 2～3 个煤分层,煤分层之间为泥岩、砂质泥岩、粉砂岩和碳质泥岩,单层厚 0.95～2.12 m。煤 8 层与上部煤 5-2 层间距 1.66～58.41 m,平均间距 25 m。

煤 8 层稳定性:煤 8 层为大部可采煤层,煤层厚度有一定的变化,但厚度变化规律明显,煤层等厚线图与煤层底板等高线形态相似,煤层厚度主要受成煤期基底形态和成煤环境的影响,在基底相对隆起区煤层变薄(N105 号孔煤 8 层厚 0.70 m)或无煤层沉积(背斜轴部);在相对凹陷区煤层较厚(煤 8 层厚度大于 10 m,如乔家庙向斜 NK403 号孔煤 8 层厚度达 26.18 m,新庄向斜 N504 号孔煤 8 层厚度达 27.42 m);由隆起区边缘向凹陷区方向煤层厚度逐渐增大;煤层结构简单,为单一煤类(不黏煤),煤质变化不大,属较稳定煤层。

1.2.3　煤层顶底板条件

煤层顶板以泥岩为主,其次为粉砂质泥岩或泥质粉砂岩,偶见粉砂岩、粗砂岩。

煤层底板以粉砂岩、砂质泥岩、碳质泥岩为主,局部为泥岩、泥质粉砂岩,偶见粗砂岩底板。

1.2.4　瓦斯地质

根据矿方提供的《新庄煤矿初步设计》得出,主要可采煤层煤 8 层的瓦斯含量较高的区域集中在东部的乔家庙向斜和西部的新庄向斜,井田瓦斯最高含量为 4.56 mL/g(NK301 号孔)。煤 8 层瓦斯含量等值线图如图 1-4 所示。

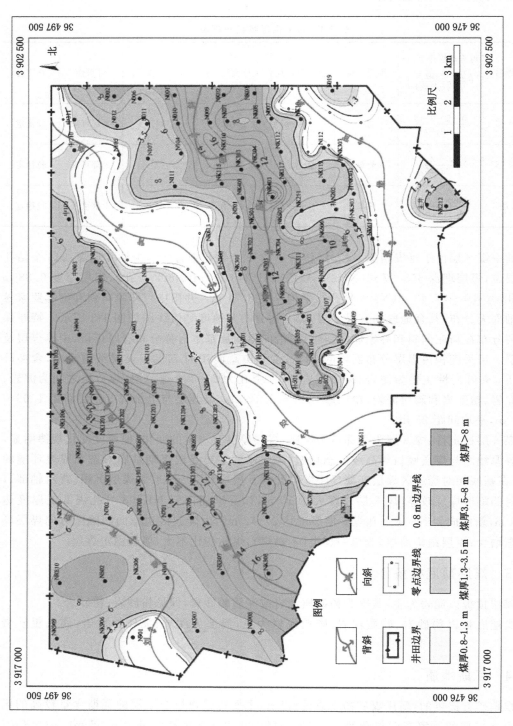

图1-3　煤8层分布及厚度等值线图

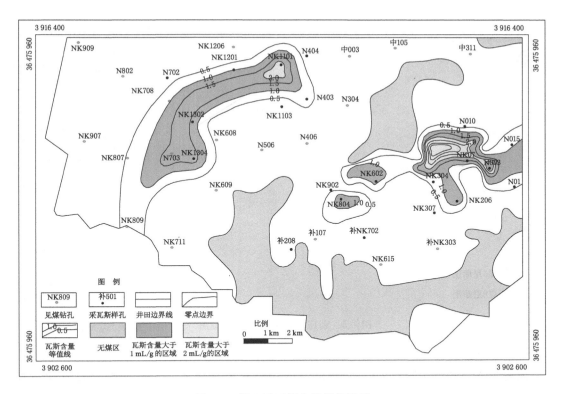

图 1-4 煤 8 层瓦斯含量等值线图

1.3 地质条件

1.3.1 地质构造

新庄井田位于鄂尔多斯盆地西南边缘地带,渭北断隆区北缘,天环向斜东翼之庆阳单斜的南部,属稳定地块单元——华北板块,南与陕西彬长煤田、旬邑煤田相连,以深大断裂为界与秦岭褶皱系相邻。总体构造形态大致为向北西方向平缓倾斜的单斜构造。

(1)断层

根据矿方提供的《新庄煤矿首采盘区三维地震勘探报告》,勘探区内有组合断层 63 条,其中:穿越煤 5 层、煤 8 层的断层 13 条(DF9、DF18、DF29、DF31、DF32、DF33、DF35、DF38、DF42、DF43、DF44、DF45、DF46),只穿越煤 5 层的断层 7 条(DF8、DF40、DF47、DF48、DF50、DF58、DF61),其余 43 条断层只穿越煤 8 层。对勘探区内的 63 条断层进行可靠程度评价,其中:可靠断层 24 条,较可靠断层 31 条,控制程度较差断层 8 条。另在勘探区外,南部风检孔附近解释逆断层 1 条,命名为 DF64,未做评价和描述。

本次三维地震勘探共解释断层 64 条,均为新发现断层,对其按断层位置由西向东、由南向北的顺序进行命名,为 DF1、DF2、…、DF64(如图 1-5 所示)。

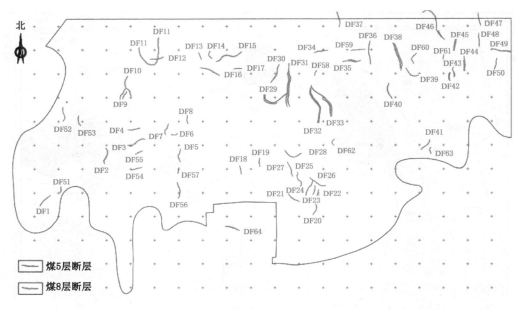

图 1-5　新庄井田断层构造形态图

（2）褶曲

勘探区位于新庄井田一盘区，井田内已知的邓家背斜和乔家庙向斜穿过本次勘探区，乔家庙向斜南部自西向东排列的、走向近乎垂直于乔家庙向斜的次级褶曲有 13 条（褶曲名称按由西向东的顺序命名为 S1 背斜、S2 向斜……S13 背斜）。次级褶曲对煤层的赋存有较大的影响，呈现出向斜轴部煤层厚、背斜轴部煤层薄，甚至煤层局部缺失的特征。

1.3.2　地质特征

根据勘探时期和补勘时期的钻孔柱状图，新庄煤矿具有大埋深厚表土坚硬覆岩的地质特征。

（1）井田含煤地层为中侏罗统延安组，据钻孔揭露，延安组地层最大厚度 83.17 m（N015 号孔），最小厚度 0.94 m（N203 号孔），平均厚度为 45.62 m。大埋深体现在新庄煤矿主采煤层煤 8 层埋深 653.97 m（NK212 号孔）～1 248.78 m（N802 号孔），其中煤 8 层一盘区煤层平均埋藏深度约为 947 m，已超过 800 m。

（2）井田地处陇东黄土高原的东南部，地貌主要包括黄土塬、黄土宽梁和河谷阶地。地表大部分为第四系黄土，沟谷中主要有第四系砂砾卵石层和少量出露的白垩系砂岩及泥岩。厚表土体现为主采煤层煤 8 层上方黄土层厚度平均达到 152 m，最大可达到 298 m。

（3）煤 8 层位于延安组第一段，层位稳定，煤层顶板以泥岩为主，其次为粉砂质泥岩或泥质粉砂岩，偶见粉砂岩、粗砂岩。坚硬覆岩体现为主采煤层煤 8 层上方 20 m 处有一层粗砂岩顶板，厚度超过 10 m。

1.3.3　地应力条件

根据实际应用的需要,本次测试选择 3 个有代表性的地点进行地应力、围岩强度与围岩结构测试,目的是对新庄煤矿煤 8 层研究区域巷道围岩地质力学参数进行详细了解,为合理确定巷道支护参数奠定基础。测点位置如图 1-6 所示。

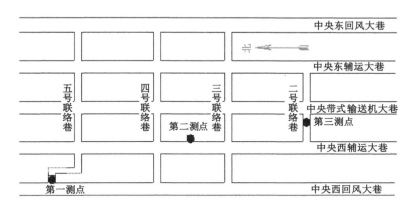

图 1-6　测点位置示意图

第一测点位于中央西回风大巷 1 500 m 处,断面设计为直墙半圆拱形,布置在煤 8 层中,采用锚网喷联合支护,西侧为未采区,东面为中央西辅运大巷与带式输送机大巷。第一测点处巷高为 3.7 m,宽为 5.0 m,埋深约为 983.0 m。

第二测点位于中央西辅运大巷 1 175 m 处,断面设计为直墙半圆拱形,布置在煤 8 层中,采用锚网喷联合支护,西面为中央西回风大巷,东面为中央带式输送机大巷与东辅运大巷。第二测点处巷高为 5.0 m,宽为 5.0 m,埋深约为 993.0 m。

第三测点位于中央带式输送机大巷 690 m 处二号联络巷中,断面设计为直墙半圆拱形,在煤 8 层底板施工,采用锚网喷联合支护,西面为中央西辅运大巷与中央西回风大巷,东面为中央东辅运大巷与中央东回风大巷。测点处巷高 4.0 m,宽为 5.0 m,埋深约为 985.0 m。

地应力测试结果总结分析如下:

(1) 数据处理结果表明,所测区域第一测点最大水平主应力为 26.93 MPa,最小水平主应力为 13.68 MPa,垂直应力为 24.17 MPa;所测区域第二测点最大水平主应力为 25.23 MPa,最小水平主应力为 13.88 MPa,垂直应力为 24.38 MPa;所测区域第三测点最大水平主应力为 24.94 MPa,最小水平主应力为 13.36 MPa,垂直应力为 24.19 MPa。根据相关判断标准:$0 \sim 10$ MPa 为低应力区,$10 \sim 18$ MPa 为中等应力区,$18 \sim 30$ MPa 为高应力区,大于 30 MPa 为超高应力区,新庄煤矿三组测点地应力场在量值上属于高应力区域。

(2) 三组测点均为最大水平主应力最大,最小水平主应力最小,所测区域应力场类型为 $\sigma_H > \sigma_r > \sigma_h$ 型应力场。相关研究表明,水平主应力对巷道顶底板的影响作用大于对巷道两帮的影响,垂直应力对巷道两帮的影响作用大于对顶底板的影响。

(3) 三组测点最大水平主应力方向分别 N41.5°E、N32.8°E 和 N43.8°E,最大水平主应力优势方向为 NNE 方向,方向一致性好。

1.3.4　水文条件

新庄煤矿位于陇东含水盆地的南部,是陇东含水盆地的一部分。由于断裂构造不发育,水文地质边界条件、类型与区域情况类似。对矿井充水有影响的含水层为下白垩统志丹群孔隙、裂隙承压含水层和中侏罗统直罗组、延安组上、中部(煤8层顶板以上)砂岩复合承压含水层,以上两个含水层在井田北边界和东边界为补给边界,南边界和井田中的马莲河沟谷下游为排泄边界,地下水补给来源为井田边界处地下含水层的侧向补给,地下水主要为自北往南径流,少量在马莲河沟谷区排泄,大部分流出勘查区在陕西亭口一带排泄。

对矿井开采有影响的含水层主要为第四系以前的碎屑岩类裂隙、孔隙承压水,其他含水层影响小。总体来说,其水文地质条件中等,地表水对矿井开采影响小,地下水对矿井开采影响中等。

1.4　开采条件

1.4.1　矿井开拓

（1）井筒布置

矿井采用立井开拓,初期投产时共布置三个立井井筒,分别为位于主井工业场地的主立井和位于副井工业场地的副立井、回风立井。主、副立井井底通过石门联系。为满足设备检修和方便施工,共平行布置两条石门,其中一条为带式输送机石门,通过上仓斜巷与井底煤仓上口连通;另一条为检修石门,与主立井井底连通。全矿井设一个开采水平,水平标高为+128 m。

（2）大巷布置

结合井筒布置和煤层赋存情况,由副立井井底车场向北沿煤8层布置一组大巷开拓井田东南部各煤层,分别为中央带式输送机大巷、中央辅助运输大巷和中央回风大巷,中央带式输送机大巷与带式输送机石门直接搭接。另在井田中部东西向沿煤8层布置一组大巷开拓其他区域煤层,以中央大巷为界分别为东、西翼带式输送机大巷,东、西翼辅助运输大巷,东、西翼回风大巷各一条。各条大巷间距分别为50 m。

（3）煤层开采顺序

本井田可采煤层为煤5-1层、煤5-2层和煤8层,其中煤5-1层与煤5-2层间距0.81～15.13 m,煤5-2层与煤8层间距1.66～58.41 m。结合煤层间距不大的特点,设计采用下行式开采,即煤层开采顺序总体上先采上部煤层,后采下部煤层,当上部煤层没有赋存时可直接开采下部煤层。

结合井田地质构造、煤层赋存情况等,以邓家背斜轴部两个无煤带及井下主要大巷为界,全井田共划分为5个盘区(图1-7),其中,首采盘区为一盘区,各盘区特征详见表1-2。根据井田各可采煤层赋存条件及开采技术条件,设计确定各煤层采煤方法为走向长壁采煤法,全部垮落法管理顶板。各盘区的开采接替按照由近及远的顺序进行,各盘区内先采煤5-1层、煤5-2层,后采煤8层,以解决煤层压茬关系。具体盘区接替顺序为:一盘区→二盘区→三盘区→四盘区→五盘区。

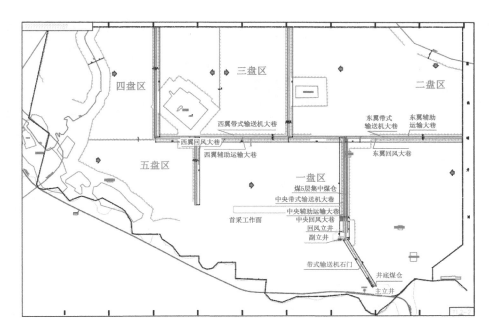

图 1-7　井田盘区平面图

表 1-2　盘区特征表

序号	盘区名称	可采储量/Mt	开采煤层	煤层倾角/(°)	盘区尺寸			备注
					走向长度/km	倾向长度/km	面积/km²	
1	一盘区	215.90	煤 5-1 层、煤 5-2 层、煤 8 层	4～5	8.0～9.4	2.0～5.0	39.9	盘区尺寸为煤层可采边界尺寸
2	二盘区	113.22	煤 5-1 层、煤 5-2 层、煤 8 层	4～5	2.0～4.0	2.8～4.4	12.9	
3	三盘区	241.87	煤 5-1 层、煤 5-2 层、煤 8 层	4～5	4.8～7.7	0.9～5.0	29.0	
4	四盘区	238.53	煤 5-1 层、煤 5-2 层、煤 8 层	4～5	5.0	5.0	27.1	
5	五盘区	105.70	煤 8 层	4～5	2.1～7.5	1.4～3.7	15.5	

1.4.2　盘区布置

新庄煤矿目前处于二期井工开拓阶段,正在开拓几条中央大巷。结合矿井开拓部署,设计本着早出煤早见效的原则,矿井最终确定投产初期首先开采一盘区。一盘区位于副立井井底车场北侧,煤 8 层可利用中央大巷直接布置工作面回采。盘区内煤 5-1 层和煤 5-2 层可采范围位于一盘区北部,可采范围小,初期与煤 8 层不存在压茬关系,有利于薄厚煤层搭配开采。根据矿井煤层开采接替顺序,采用煤 8 层与煤 5-1 层和煤 5-2 层同时开采,其中煤5-1 层和煤 5-2 层中先采部分煤 5-1 层煤后采煤 5-2 层。煤 8 层井田开拓平面图如图 1-8 所示。

各煤层具体采掘工作面布置如图 1-9～图 1-11 所示。

首采两个盘区,即煤 5 层一盘区和煤 8 层一盘区。煤 5 层一盘区内煤 5-1 层和煤 5-2 层可采范围小,与煤 8 层一盘区不存在压茬关系,两个盘区可实现薄厚煤层搭配开采。煤 5 层一盘区位于中央大巷中部,东西走向长为 2.0～5.4 km,南北倾斜宽一般为 1.2～2.9 km,

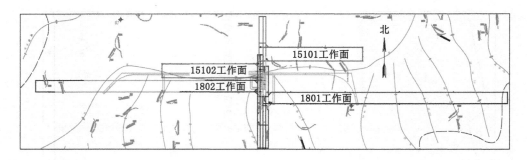

图 1-8　煤 8 层井田开拓平面图

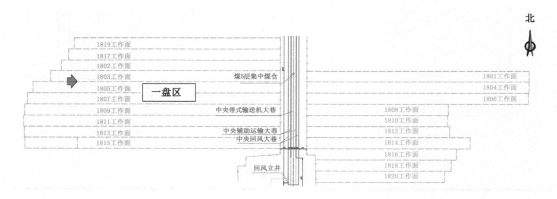

图 1-9　煤 8 层各工作面布置平面图

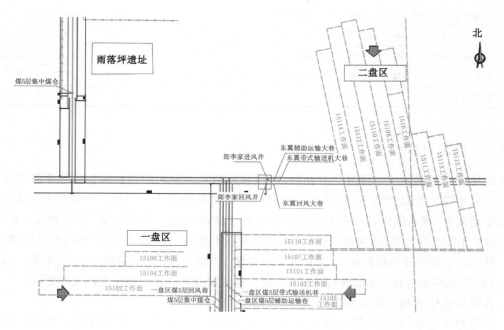

图 1-10　煤 5-1 层各工作面布置平面图

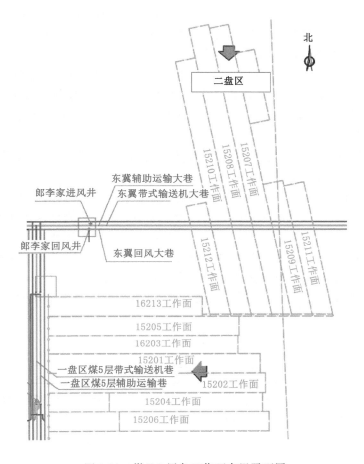

图 1-11　煤 5-2 层各工作面布置平面图

面积约为 13.3 km²（煤 5-1 层可采面积）。盘区边界根据煤 5-1 层及煤 5-2 层赋存范围划定，形状极不规则。

　　根据矿井开拓部署及煤层赋存特点，煤 5 层各盘区均布置一组盘区巷道，分别为盘区带式输送机巷、盘区辅助运输巷和盘区回风巷。其中盘区带式输送机巷通过盘区集中煤仓与下部煤 8 层带式输送机大巷联系；盘区辅助运输巷通过辅助运输斜巷与下部煤 8 层辅助运输大巷连通；盘区回风巷通过盘区回风石门与最近回风立井连通，实行分区通风。

　　回采工作面顺槽采用 3 条巷道布置，分别为带式输送机顺槽、辅助运输顺槽和回风顺槽。各顺槽直接与盘区巷道或大巷连接，不设工作面煤仓或溜煤眼。带式输送机顺槽铺设带式输送机，用于煤炭的运输；带式输送机顺槽外侧布置辅助运输顺槽，用于辅助运输。带式输送机顺槽与辅助运输顺槽中心间距为 25 m，每间隔 200 m 通过联络巷连通（工作面生产期间应构筑密闭墙）。上一个工作面的辅助运输顺槽在该工作面回采结束后可作下一个工作面的回风顺槽。

1.4.3　井巷支护

　　该矿井按高瓦斯矿井设计，煤层埋藏深，围岩条件较差，矿井机械化程度高，辅助运输采用无轨胶轮车,客观要求巷道断面积大。因此,需要综合考虑运输、通风、矿压和巷道服务年限等因素,合理确定巷道断面和支护形式。根据相关国家标准,并通过类比、计算,结合矿井的具体情况,对各类巷道的断面及支护形式暂确定如下:

(1)井下石门、大巷、井底车场等服务时间较长的巷道均采用半圆拱形断面,支护方式以锚网梁喷十锚索联合支护为主,围岩条件较差时可增加U型钢棚子加强支护;交岔点一般也采用锚网梁喷十锚索联合支护,必要时可采用混凝土砌碹支护。巷道底板以混凝土铺底封闭,预防巷道底板遇水发生底鼓。

(2)井下大断面碹室如箕斗装载碹室、带式输送机机头及转载碹室等采用锚网喷十锚索临时支护,永久支护采用钢筋混凝土砌碹。

(3)工作面顺槽一般采用矩形断面,锚网梁十锚索联合支护,辅助运输顺槽考虑无轨胶轮车运行,采用200 mm厚混凝土铺底。锚杆为 ϕ22 mm螺纹钢锚杆或玻璃钢锚杆,锚索选用 ϕ17.8 mm的钢绞线。锚杆预应力不低于50 kN,锚索预应力不低于120 kN。

(4)工作面开切眼采用矩形断面,因断面较大,采用锚杆十锚索支护,围岩条件较差临时增加Ⅱ形钢梁和单体液压支柱加强支护。在工作面超前不小于70 m范围的顺槽内,采用超前支架及单体液压支柱十Ⅱ形钢梁加强支护,以承受因工作面采动而产生的移动支承压力。

井下主要巷道断面尺寸及支护方式见表1-3。

表1-3　主要巷道断面特征表

序号	巷道名称	断面形状	断面尺寸/mm		支护方式	支护厚度/mm	铺底厚度/mm	净断面积/m²	掘进断面积/m²
			净宽	净高					
1	带式输送机石门	半圆拱	4 000	1 400	锚网索喷	150	100	11.9	13.7
2	检修石门	半圆拱	4 200	1 800	锚网索喷	150	200	14.5	17.0
3	中央带式输送机大巷	半圆拱	5 600	1 800	锚网索喷	150	300	22.4	26.1
4	中央辅助运输大巷	半圆拱	6 000	1800	锚网索喷	150	300	24.9	28.8
5	中央回风大巷	半圆拱	5 800	1 800	锚网索喷	150	100	23.7	26.2
6	煤8层一盘区带式输送机巷	半圆拱	5 000	1 500	锚网索喷	150	100	17.3	19.5
7	煤8层一盘区辅助运输巷	半圆拱	5 800	1 500	锚网索喷	150	300	21.9	25.6
8	煤8层一盘区回风巷	半圆拱	5 800	1 600	锚网索喷	150	100	22.4	24.9
9	煤5层一盘区带式输送机巷	半圆拱	4 200	1 500	锚网索喷	150	100	13.2	15.2
10	煤5层一盘区辅助运输巷	半圆拱	5 800	1 500	锚网索喷	150	300	17.3	20.6
11	煤5层一盘区回风巷	半圆拱	5 600	1 500	锚网索喷	150	100	20.7	23.1
12	煤8层工作面带式输送机顺槽	矩形	5 300	3 400	锚网索			18.0	19.3
13	煤8层工作面辅助运输顺槽	矩形	5 000	3 400	锚网索		200	17.0	19.2
14	煤8层工作面回风顺槽	矩形	5 000	3 400	锚网索			17.0	18.2
15	煤8层工作面开切眼	矩形	9 200	3 600	锚网索			33.1	34.8

表 1-3(续)

序号	巷道名称	断面形状	断面尺寸/mm		支护方式	支护厚度/mm	铺底厚度/mm	净断面积/m²	掘进断面积/m²
			净宽	净高					
16	煤 5 层工作面带式输送机顺槽	矩形	5 000	2 500	锚网索			12.5	13.5
17	煤 5 层工作面辅助运输顺槽	矩形	4 800	2 500	锚网索		200	12.0	14.0
18	煤 5 层工作面回风顺槽	矩形	5 000	2 500	锚网索			12.5	13.5
19	煤 5 层工作面开切眼	矩形	6 000	2 200	锚网索			13.2	14.3

1.5　矿压显现情况及煤岩冲击倾向性

1.5.1　矿压显现情况

宁正矿区规划两矿井——核桃峪煤矿和新庄煤矿,两矿井均为冲击地压矿井。其邻近矿区存在至少 10 对冲击地压矿井,如彬长矿区高家堡煤矿、孟村煤矿、胡家河煤矿、小庄煤矿、文家坡煤矿等,如图 1-12 所示。近年来,上述矿井受大采深、复杂地质构造、厚硬顶板条件、强采动等叠加影响,冲击地压事故频发,严重威胁着矿井的安全生产。

图 1-12　新庄煤矿邻近的部分冲击地压矿井分布情况

目前新庄煤矿主要为掘进作业,尚未进行工作面回采。在掘进期间,矿井未发生过冲击地压事故,但在掘进过程中,出现了矿压显现,具体表现如下:

(1) 中央西辅助运输大巷 3-4 联络巷[里程(推进距离)996~1 361 m]有底鼓现象,帮部多处压裂;6-7 联络巷(里程 2 275~2 820 m)有底板破裂现象。

（2）中央带式输送机大巷 2-3 联络巷（里程 679～1 043 m）有较为明显的底鼓，其余各巷道也时有底鼓现象。

（3）1802 回风顺槽掘进区段 540～560 m 出现底鼓现象，底鼓量 300～500 mm，底鼓区域长度 20～25 m，出现裂缝。

（4）1802 运输顺槽 880～928 m 段出现底鼓现象，底鼓量一般为 0.5～0.8 m，底鼓区域长度 40 m，出现裂缝；1 080～1 140 m 段出现底鼓现象，底鼓量 0.8～1.0 m，底鼓区域长度约为 25 m，4# 抽采钻场出现裂缝。

1.5.2 煤岩冲击倾向性

（1）煤层冲击倾向性鉴定结果

冲击倾向性是煤岩介质产生冲击破坏的固有能力或属性，是产生冲击地压的必要条件。在工作面掘进过程中，若砂岩应力和能量积聚到一定程度，且具备临空面条件下的离层空间，则会产生强烈动力冲击破坏。根据国家标准《冲击地区测定、监测与防治方法 第 2 部分：煤的冲击倾向性分类及指数的测定方法》（GB/T 25217.2—2010），对煤层冲击倾向性鉴定标准指标见表 1-4。根据中煤科工开采研究院岩石力学实验室出具的《新庄煤矿 8 煤煤岩层冲击倾向性》鉴定报告，煤的冲击倾向性鉴定结果如表 1-5 所示，煤 8 层具有弱冲击倾向性。根据中煤科工开采研究院有限公司出具的《新庄煤矿煤 5-1 层煤岩冲击倾向性鉴定》报告，煤的冲击倾向性鉴定结果如表 1-6 所示，煤 5-1 层具有弱冲击倾向性。

表 1-4 煤层冲击倾向性判别指标

	类别	Ⅰ类	Ⅱ类	Ⅲ类
	冲击倾向性等级	无	弱	强
指数	动态破坏时间 DT/ms	DT>500	50<DT≤500	DT≤50
	弹性能指数 W_{ET}	$W_{ET}<2$	$2≤W_{ET}<5$	$W_{ET}≥5$
	冲击能指数 K_E	$K_E<1.5$	$1.5≤K_E<5$	$K_E≥5$
	单轴抗压强度 σ_c/MPa	$\sigma_c<7$	$7≤\sigma_c<14$	$\sigma_c≥14$

表 1-5 新庄煤矿煤 8 层煤样冲击倾向性测试结果

单轴抗压强度 σ_c/MPa	动态破坏时间 DT/ms	冲击能指数 K_E	弹性能指数 W_{ET}
13.963	1 246	2.483	12.522
鉴定结果：弱冲击倾向性			

表 1-6 新庄煤矿煤 5-1 层煤样冲击倾向性测试结果

单轴抗压强度 σ_c/MPa	动态破坏时间 DT/ms	冲击能指数 K_E	弹性能指数 W_{ET}
3.161	364	2.002	3.054
鉴定结果：弱冲击倾向性			

（2）岩层冲击倾向性鉴定结果

根据国家标准《冲击地压测定、监测与防治方法 第 1 部分：顶板岩层冲击倾向性分类及指数的测定方法》(GB/T 25217.1—2010),岩石冲击倾向性分类、名称及分类指数如表 1-7 所示。根据中煤科工开采研究院岩石力学实验室出具的《新庄煤矿 8 煤煤岩层冲击倾向性》鉴定报告,煤 8 层顶板无冲击倾向性,如表 1-8 所示;其底板具有弱冲击倾向性,如表 1-9 所示。根据中煤科工开采研究院有限公司出具的《新庄煤矿煤 5-1 层煤岩冲击倾向性鉴定》报告,煤 5-1 层顶板具有弱冲击倾向性,如表 1-10 所示;其底板无冲击倾向性,如表 1-11 所示。

表 1-7　岩石冲击倾向性类别、名称及指数

类别	Ⅰ类	Ⅱ类	Ⅲ类
冲击倾向等级	无	弱	强
弯曲能量指数 U_{wQ}/kJ	$U_{wQ} \leqslant 15$	$15 < U_{wQ} \leqslant 120$	$U_{wQ} > 120$

表 1-8　新庄煤矿煤 8 层顶板冲击倾向性

样别	项目				
	载荷/MPa	视密度/(kg/m³)	弹性模量/GPa	抗拉强度/MPa	弯曲能量指数/kJ
顶板	0.078	2.548	7.584	2.460	4.277

表 1-9　新庄煤矿煤 8 层底板冲击倾向性

样别	项目				
	载荷/MPa	视密度/(kg/m³)	弹性模量/GPa	抗拉强度/MPa	弯曲能量指数/kJ
底板	0.288	2.585	10.047	3.343	48.253

表 1-10　新庄煤矿煤 5-1 层顶板冲击倾向性

样别	项目				
	载荷/MPa	视密度/(kg/m³)	弹性模量/GPa	抗拉强度/MPa	弯曲能量指数/kJ
顶板(7.70 m 含砾粗砂岩)	0.172	2 280	6.797	1.896	10.680
顶板(5.30 m 粉砂岩)	0.130	2 510	6.072	2.006	7.492
顶板(9.05 m 粉砂岩)	0.294	2 510	6.072	2.006	14.548
顶板(3.67 m 含砾粗砂岩)	0.082	2 280	6.797	1.896	3.514
顶板(11.64 m 含砾粗砂岩)	0.493	2 280	6.797	1.896	14.418
合计	—	—	—	—	50.652

表 1-11　新庄煤矿煤 5-1 层底板冲击倾向性

样别	项目				
	载荷/MPa	视密度/(kg/m³)	弹性模量/GPa	抗拉强度/MPa	弯曲能量指数/kJ
底板	0.138	2290	7.867	1.456	3.405

第2章 大埋深厚表土坚硬覆岩 冲击孕育致灾机理

目前新庄煤矿一盘区大巷已基本掘进到位,在大巷掘进过程中已发生多次矿压显现情况,尤其是在巷道交岔地段与地质构造附近区域,对矿井安全生产与工人生命财产造成威胁。虽然已采取大力度的矿压监测与防治一系列措施,取得一定成果,形成了较为系统的强矿压监测解危治理方法,但是由于井田构造的特殊性,矿压显现还是频繁发生,对其冲击地压的影响因素进行分析并提出针对性的控制技术和措施显得刻不容缓。

2.1 开采深度致灾因素分析

新庄煤矿主采煤 8 层,其位于延安组第一段,层位稳定,埋深为 653.97～1 248.78 m。243 个见煤钻孔中,有 240 个显示可采,可采厚度为 0.88～27.42 m,平均为 8.71 m,井田中仅邓家背斜和南部罗家堡背斜轴部无分布,其余地段均有分布。含煤面积为 166.16 km²,可采面积为 158 km²,资源量估算面积为 157.14 km²。特厚煤层主要分布在新庄向斜和乔家庙向斜轴部,沿向斜两翼基本对称分布有厚煤层、中厚煤层及薄煤层。可采面积占煤层分布面积的 95%,占井田面积的 77%。

根据新庄煤矿提供的勘探钻孔资料,汇总分析绘制煤 8 层埋深等值线图如图 2-1 所示。

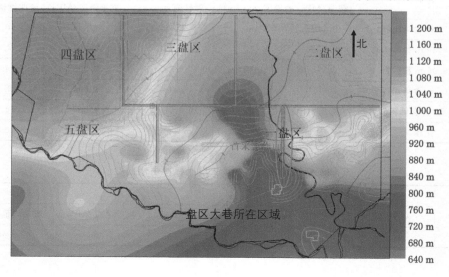

图 2-1 煤 8 层埋深等值线图

如此大埋深情况下产生的自重应力场是十分显著的,静载影响中的重要因素为原岩应力场 σ_{j1}。矿井开采活动未进行之前,未受采掘工程扰动的应力场即原岩应力场,主要由煤岩体自重形成的自重应力场和构造运动产生的构造应力场构成。其中自重应力场主要由开采深度决定,随着开采深度的增加,煤层中的自重应力增加,煤岩体中聚积的弹性能也随之增加,从而使冲击地压发生可能性增大。

已有研究成果表明,发生冲击地压的初始开采深度为:

$$H \geqslant 1.83 \times \frac{\sigma_c}{\gamma} \sqrt{\frac{K_0}{C}} \tag{2-1}$$

式中　σ_c——煤体单轴抗压强度;

$\quad\quad K_0$——系数,大于 1;

$\quad\quad C = (1-2\mu)(1+\mu)^2/(1-\mu)^2$。

根据新庄煤矿煤岩物理力学性质,对冲击地压的初始开采深度进行近似计算,$\sigma_c \approx 14$ MPa,$\gamma = 1.39 \times 10^3$ kg/m³,$K_0 = 3$,$\mu = 0.47$,$C = 0.46$,则 $H_{\min} = 445$ m。即根据新庄煤矿实际情况,开采深度达到 445 m 以上就有可能发生冲击地压。

而新庄煤矿煤 8 层埋深为 653.97～1 248.78 m,处于冲击地压发生概率剧增范围,采深因素对新庄煤矿冲击危险影响不容忽视。

2.2　煤层厚度及其变化致灾因素分析

根据统计分析,冲击危险程度与煤层厚度及其变化密切相关。煤层越厚,冲击地压发生得越多,越强烈;同时,煤层厚度变化对冲击地压显现有较大影响,在厚度突然变薄或者变厚处,因为支承压力升高,往往易发生冲击地压,如图 2-2 所示。

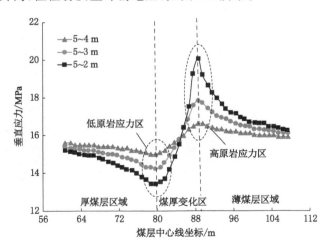

图 2-2　煤层厚度变化对工作面支承压力的影响

厚煤层较容易发生强矿压。对厚煤层本身而言,随着煤层厚度的增加,工作面前方发生冲击破坏的可能性逐渐增大,而且危险区逐渐向煤层内部转移,顺槽与工作面叠加应力的汇交处发生强矿压破坏的危险程度最高。

而煤层厚度的变化对形成强矿压的影响往往比厚度本身更为重要。在厚度变化处，往往易发生强矿压，因为这些地方的支承压力会增高。煤层局部厚度的不同变化对应力场的影响规律如下：

（1）煤层厚度局部变薄和变厚所产生的影响不同。煤层厚度局部变薄时，在煤层薄的部分，垂直地应力会增加；煤层厚度局部变厚时，在煤层厚的部分，垂直地应力会减小，而在煤层厚的部分两侧正常厚度部分，垂直地应力会增加。而且煤层局部变薄和变厚，产生的应力集中的程度不同。

（2）煤层厚度变化越剧烈，应力集中的程度越高。

（3）当煤层变薄时，变薄部分越短，应力集中系数越大。

（4）煤层厚度局部变化区域应力集中的程度与煤层和顶、底板的弹性模量差值有关，差值越大，应力集中程度越高。

新庄煤矿主采煤8层，其厚度及其变化情况如图2-3所示。由煤8层厚度等值线图可知，新庄煤矿煤8层厚度主要在1.5～23 m范围内变化，整体而言新庄煤矿煤厚变化较为平缓。局部地区，尤其在褶皱区域煤层厚度变化较为剧烈，如一盘区大巷以西的乔家庙向斜区域、二盘区东南的盘区界限附近区域、四盘区东部的刘堡背斜区域。煤层厚度变化剧烈的区域应力集中程度较高，后续巷道或工作面布置过程中应考虑避开这些区域或采取相应措施降低周围煤岩体中的应力集中程度。

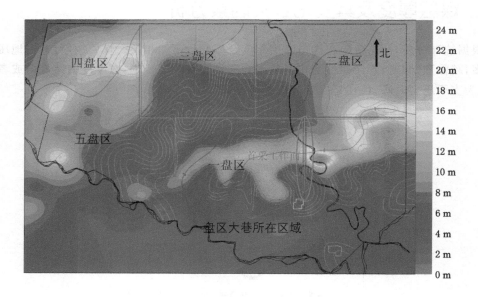

图 2-3　煤层厚度等值线图

2.3　构造应力场致灾因素分析

原岩应力场中另外一个因素就是构造应力场，其相比自重应力场更加复杂与多变，影响因素也较多。针对新庄煤矿构造特征，对矿震情况及矿压现象进行分析知，对其影响最大的构造形式为褶皱。

　　褶曲构造在地壳中分布广泛,形态多样,在煤矿地质中也比较常见。对褶曲的地质成因,地质学认为,地壳运动等地质作用的影响使岩层发生塑性变形而形成一系列波状弯曲但仍保持着岩层连续完整性的构造形态,即由于岩层在水平压力挤压下所形成的,因此当煤层在水平压力的挤压下时,也会发生弯曲变化。其力学模型见图 2-4。

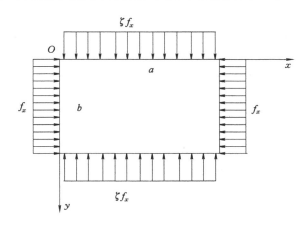

图 2-4　褶曲力学模型

　　(1) 褶皱构造对地应力状态的影响

　　褶皱是影响地应力状态的主要因素之一,褶皱构造从发生、发展到形成,实质是一个随时间逐渐演变的非稳定构造应力场演变过程。研究表明,褶皱出现之前,多层岩层中的最大水平应力与水平应变近似呈线性关系,上升幅度小;当褶皱出现后,最大水平应力随水平应变呈非线性急剧增长。在最大水平应力分布上,最大水平应力集中在两侧坚硬岩层中,中间较软岩层应力相对较低。中间软层背斜和向斜部位都受压应力,且向斜核部应力比翼部大,翼部比背斜处大。随着水平加载速率的增大,模型中的褶皱形态发生变化,产生褶皱时的临界最大水平应变越大,褶皱最终形成后的最大水平应力也越大,见图 2-5。

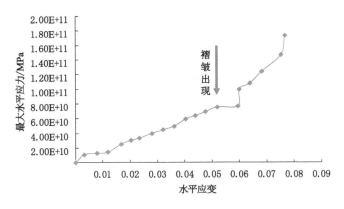

图 2-5　褶皱形成过程中最大水平应力随水平应变的变化

　　自然界的褶皱构造千变万化,各有其不同的力学成因机制,不同的褶皱类型与应力值间存在着一定关系,国内外大量地应力实测表明,同一褶皱的不同部位应力也是有差异的,并且,越来越多的资料显示,褶皱构造区是冲击地压的多发区。相关研究表明,向斜、背斜内弧的波谷和波峰部位呈现水平压应力集中,向斜、背斜外弧的波谷和波峰部位呈现拉应力集中,翼部呈现压应力集中。根据褶皱的形成机制,可将褶皱各部位的受力状态分为5个区(图2-6):Ⅰ区铅直为拉力,水平为压力,采掘工程布置在该位置时易发生片帮;Ⅱ区铅直为压力,水平为拉力,采掘工程布置在该位置时易发生冒顶和冲击地压;Ⅲ区水平和铅直均为压力,采掘工程布置在该位置时易发生冲击地压;Ⅳ区的受力状态同Ⅱ区;Ⅴ区的受力状态同Ⅰ区。此外,褶皱翼部还受到强剪应力,采掘工程布置在该位置时还易发生围岩剪切破坏。同时,由于褶皱是受水平挤压应力形成的,褶皱区岩体内部将存有残余应力和弹性能,弹性能的释放,也是造成冲击地压的一个重要因素。

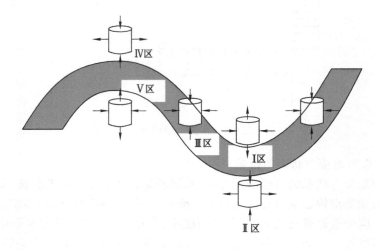

图 2-6　褶皱部分的受力状态简图

(2)新庄煤矿受褶曲构造影响分析

如图2-7所示为新庄煤矿褶曲构造分布情况。由图可知,新庄煤矿整体处于褶曲构造区,共5条较大褶曲,各自由两个隆起或凹陷组成。各向背斜的两翼倾角极缓,大体均在4°~5°。各褶皱轴走向均呈反"S"形。

① 刘堡背斜:位于勘查区西北角,轴部大体沿 N801—N702 号孔延伸,向南倾伏。背斜轴依次由地震测线 D10+0 线、D9 线、D8 线、L4 线、D7 线控制。区内延伸长度约 7.5 km,7线和 8 线剖面见及,可分出两个隆起,隆起区延安组厚度小于 20 m。

② 新庄向斜:轴部大体上位于 N703—N504 号孔左右,区内延伸约 9 km,向斜轴依次由 D9 线、D8 线、D7 线、L4 线控制。5~8 线剖面见及,大致由两个凹陷组成,凹陷区延安组厚度大于 80 m。

③ 邓家背斜:位于勘查区中部,轴部沿 N502—N302 号孔一线呈起伏状穿越勘查区,向北延伸与宁县中部勘查区西头背斜相连,区内延伸长度约 12 km,隆起的轴部缺失延安组和煤层。背斜轴依次在 D6+1 线、弯线 D8 线、D1′线有显示。

④ 乔家庙向斜:位于勘查区东部先期开采地段,轴部沿 NK803—N102—N106—NK06号孔一线呈明显蛇曲形分布,总体沿北东东方向延展。背斜轴依次由 D4 线、D1′线、D1 线、

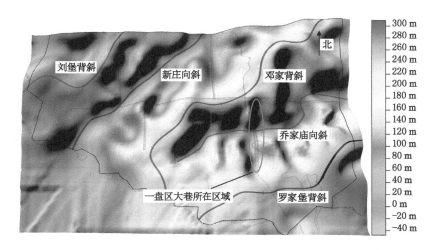

图 2-7 煤 8 层褶曲构造分布图

D0′线、D0 线控制。大致有两个凹陷,凹陷区延安组厚度大于 70 m,最大厚度达 83.17 m (N015 号孔)。

⑤ 罗家堡背斜:轴部位于 N301—N019 号孔一线,向东延伸至正宁南部勘查区内,与该区同名背斜相连,南翼及轴部缺失富县组及延安组。

其中一盘区大巷区域地质构造情况如图 2-8 所示,可以看出,一盘区大巷主要受 S6 向斜、乔家庙向斜影响。

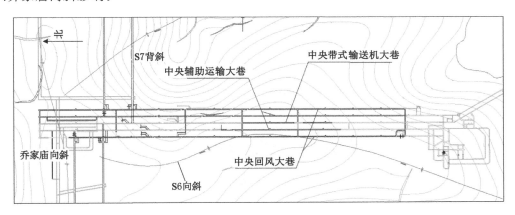

图 2-8 一盘区大巷区域地质构造分布示意图

研究表明,褶皱区水平构造应力较大,参照新庄煤矿有关地质资料及采掘平面图可知,新庄煤矿受多条褶曲影响,其中一盘区大巷所在区域受乔家庙向斜、S6 向斜的影响尤为明显,说明受水平构造应力强烈作用,褶曲构造区有可能诱发底板型冲击地压。

一盘区大巷掘进期间矿震主要分布在 S6 向斜轴部附近区域,其震源及能量分布如图 2-9～图 2-11 所示。

一盘区大巷掘进期间的矿山震动主要分布在 S6 向斜轴部构造应力集中区,掘进工作面矿震分布密集,微震活动较为剧烈。巷道掘进期间,人为活动破坏了采场周围原岩应力场的

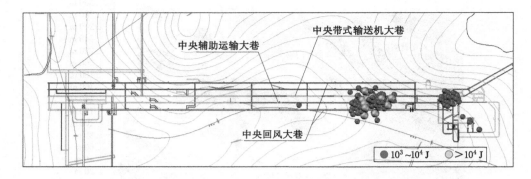

图 2-9 矿震震源平面投影(2019-11-20—2019-12-31)

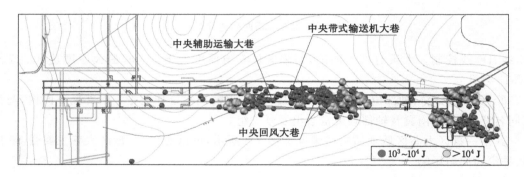

图 2-10 矿震震源平面投影(2020-01-01—2020-12-31)

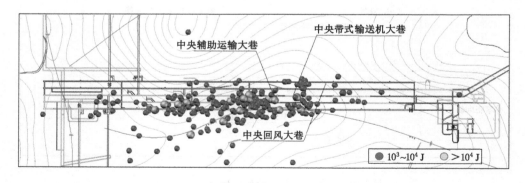

图 2-11 矿震震源平面投影(2021-01-01—2021-07-31)

平衡状态,使得高地应力发生转移和重新分布,并可能在某处产生地应力的叠加集中,诱使微震活动在巷道掘进时间段内频繁发生。

2.4 坚硬覆岩致灾因素分析

冲击地压的孕育和发展是一个复杂的非线性过程,但是其物理的本质是能量的转化。

上覆高位顶板巨厚岩层破断导致矿震发生,而矿震为冲击地压的发生提供动力源和能量源,是诱发冲击地压的重要因素之一。上覆岩层越厚、越坚硬,断裂向下传播的能量损耗越少,下方煤岩体积聚的弹性能越大,发生冲击地压的危险性越高。采掘活动后围岩应力重新分布,在坚硬顶板悬臂梁未破断前,悬顶面积不断增大,顶板不断积聚能量,在发生冲击地压灾害前围岩在静载应力场处于极限平衡状态。当煤矿井下发生采掘扰动时,新的扰动应力对处于极限平衡状态的煤岩体产生动载效应,采掘扰动载荷和地应力静载荷耦合叠加,应力叠加结果超过煤岩体的临界承载值,达到煤岩动力灾害发生的临界载荷,诱导煤岩体发生塑性破坏,导致顶板动力灾害的发生。

(1)坚硬覆岩距煤层距离对冲击地压的影响

由于井下能量传播衰减的影响,同等能量释放下近场坚硬覆岩破断对巷道的冲击所造成的破坏远大于远场坚硬覆岩破断对巷道所造成的影响。故在此结合微震频次与能量对煤层上方 10 m 厚坚硬岩层距煤层距离对冲击影响进行分析。

由图 2-12 可知,一盘区大巷所在区域上方超过 10 m 厚坚硬岩层距离煤层大多在 40 m 以内,某些区域甚至小于 20 m。结合图 2-9~图 2-11 的微震定位图对照可知,在 2019 年 11 月 20 日至 2021 年 7 月 31 日期间的微震活动大多位于这些区域内。因此可以得出,坚硬覆岩距煤层距离对新庄煤矿的冲击危险影响较大。

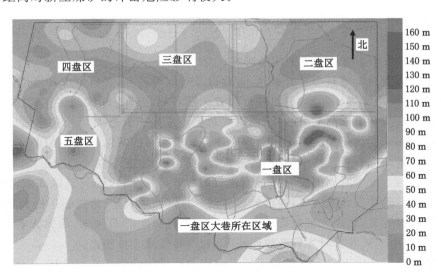

图 2-12　一盘区大巷区域厚岩层(>10 m)距煤层距离等值线图

(2)坚硬覆岩厚度对冲击地压的影响

根据已有结论,煤体上覆厚层坚硬岩层对冲击地压影响显著。根据有关钻孔数据统计结果,绘制图 2-13 所示新庄煤矿煤 8 层上部首层厚度大于 10 m 砂岩厚度分布等值线图。由图可知,新庄煤矿上覆厚层砂岩厚度大多接近 20 m,局部区域的上覆厚层砂岩厚度可达 40 m。因此新庄煤矿煤 8 层上部坚硬覆岩厚度对冲击危险影响较大。

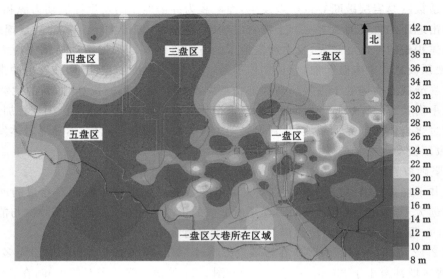

图 2-13　新庄煤矿煤 8 层上部首层厚度大于 10 m 砂岩厚度分布等值线图

2.5　巷道布置致灾因素分析

（1）多巷道集中布置对冲击地压的影响

由于中央大巷肩负着整个矿井通风、运输以及行人等任务,并且考虑其地位重要与服务周期较长,往往采用宽煤柱间隔,群组并行布置。随着煤炭开采深度的逐年增加,深部煤层巷道群的稳定性问题逐渐凸显,成为当前研究的焦点之一。最近两年来接连出现正常使用中的大巷群在无采动扰动情况下突发大规模冲击地压灾害的案例,例如 2016 年 8 月 15 日,山东梁宝寺煤矿 35000 采区集中轨道巷、带式输送机巷发生突发性冲击地压,破坏巷道数百米,造成两人死亡,发生时周围没有采掘活动;2017 年 2 月 3 日,彬长矿区高家堡煤矿一盘区大巷群发生一起冲击地压灾害,冲击地压导致一盘区回风大巷、带式输送机大巷和辅运大巷部分区域底板开裂,底煤大量鼓起达 1 m 以上,巷帮瞬间严重收缩,回风大巷几乎闭合,行人不能通过,由于矿井当时为春节放假停采期,没有造成人员伤亡。

这些冲击地压事件对研究人员和现场工程技术人员都带来了巨大挑战,原因有 4 条:一是传统观点认为,中央大巷布置区域属稳定区域,不会发生冲击地压;二是周围无采掘扰动、无前兆;三是多条大巷同时发生冲击,规模大;四是同一矿井类似这样布置的大巷群很多,不需要动载参与,隐蔽性特强,预防难度极大。

新庄煤矿中央五条大巷平行布置,巷间煤柱宽度为 50 m,后期车场、硐室、联络巷等将形成该区域的巷道群,诱发冲击发生的载荷来源除大采深带来的原岩应力外,多巷近距离布置也是巷道冲击地压静载荷的主要来源之一,如图 2-14 所示。

基于冲击启动理论,巷道两侧支承压力区及巷道底板的破坏失稳是冲击地压发生的关键环节,支承压力峰值的升高则是支承压力区及底板破坏失稳的直接原因,而采深、褶曲构造、巷间煤柱、底煤留设等因素均会造成支承压力区内静载荷不同程度升高。基于前文分析结果,这些因素综合作用导致中央大巷巷道群冲击地压发生。

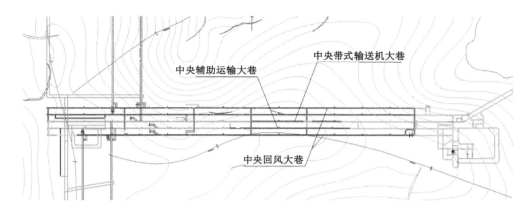

图 2-14　新庄煤矿一盘区大巷布置平面图

巷道形成后,巷道两侧形成支承压力区,该区域对巷道顶板及上覆岩体起到主承载作用,也将上部载荷传递到巷道底板内,与水平构造应力共同对巷道底板形成挤压作用。仅仅依靠一条巷道所形成的支承压力尚达不到冲击地压发生的临界值,然而五条巷道同时形成时,50 m 巷道煤柱的存在改变了巷道周围的应力分布,使得巷道煤柱帮支承压力升高,从而对巷道煤柱侧底板的挤压作用也有所增强,但对水平应力影响较小。此时单凭煤柱的影响仍然达不到巷道冲击地压发生的临界值,但是为冲击启动提供了基础载荷。褶曲构造带的巷道群,构造的存在与底煤厚度的变化,不仅提高了巷道围岩内支承压力的水平,而且增加了巷道顶底板内水平应力的大小,从而为该段巷道冲击启动提供了增量静载荷,该载荷的加入增强了对巷道底板的挤压作用,冲击启动时机成熟,因此冲击地压发生实质是巷间煤柱、底煤厚度变化以及褶曲构造的影响,导致巷道煤柱区垂直应力超过了冲击临界支承压力,底板煤体承受的载荷超过了其极限承载力时,就会在相应区域发生冲击地压的显现。

（2）巷道布置层位对冲击地压的影响

冲击地压理论研究及实践表明,冲击地压发生时,一般均伴有严重底鼓,且较厚底煤的留设对冲击地压的发生往往起到促进作用。对于巷道围岩而言,顶板和巷帮一般进行支护,而底板一般无支护,从而导致底板成为巷道最为薄弱的区域。当冲击载荷作用至巷道围岩时,能量也将从最薄弱的环节突破,该过程必然伴随底板的缓慢鼓起或冲击破坏。

巷道底板可分为 3 种情况:岩石底板、薄底煤(小于 2 m)、厚底煤(大于 2 m),底板岩性对冲击地压的影响主要取决于底板的强度和载荷水平。岩石底板本身强度较高,承载能力大,对冲击载荷的抵抗效果明显。留有较薄底煤时,底煤在巷道掘进后即将发生渐进式变形破坏,承载力显著降低,下部岩石底板仍将是承载的主体。而底煤较厚时,煤体必然成为承载主体,在冲击载荷作用下更易发生破坏,尤其具有冲击倾向性的底煤本身具备集聚弹性能并发生冲击破坏的特性。

根据相关研究,褶皱区巷道底煤厚度对矿震诱发底煤冲击的响应参量包括最大水平应力、底板最大垂直位移、底板塑性区深度、最大能量释放密度。其中最大能量释放密度 $\Delta(U)_{max}$ 可近似表述为:平衡区底煤在一定强度的动载作用下会发生失稳破坏,导致积聚的弹性能瞬间释放,失稳前后极限平衡区的煤体弹性能的差值。

基于相关数值模拟分析结果,巷道底煤厚度对矿震诱发底煤冲击的动态响应规律如

图 2-15 所示。分析可知，随着底煤厚度的增加，底煤中水平应力先增后降并逐渐向底板深处转移，塑性区深度及最大能量释放密度均呈非线性增加，且增加趋势越来越弱，并趋于稳定；动力扰动下特厚煤层巷道极易发生底鼓冲击动力灾害，动力效应明显。研究表明：厚～特厚煤层上分层开采过程中，极易发生底煤冲击。

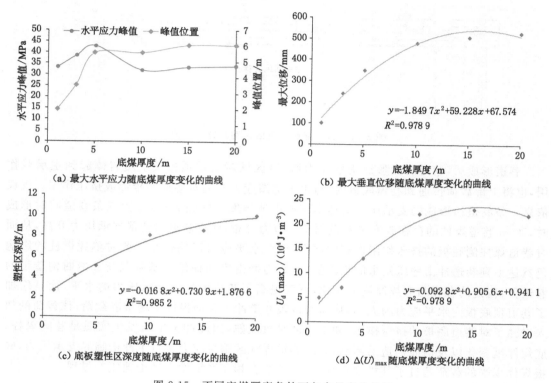

（a）最大水平应力随底煤厚度变化的曲线

（b）最大垂直位移随底煤厚度变化的曲线

$y=-1.849\ 7x^2+59.228x+67.574$
$R^2=0.978\ 9$

（c）底板塑性区深度随底煤厚度变化的曲线

$y=-0.016\ 8x^2+0.730\ 9x+1.876\ 6$
$R^2=0.985\ 2$

（d）$\Delta(U)_{max}$ 随底煤厚度变化的曲线

$y=-0.092\ 8x^2+0.905\ 6x+0.941\ 1$
$R^2=0.978\ 9$

图 2-15　不同底煤厚度条件下各参量变化曲线

新庄煤矿回风大巷、辅运大巷、带式输送机大巷均布置在煤层中，其中设计回风大巷沿煤层顶板布置，辅运大巷、带式输送机大巷沿底板布置，巷道底板留 1.5 m 厚度的煤皮，实际施工过程中因地质条件、施工技术条件的影响往往局部区域留设的底煤厚度较大。而由于煤层本身具有冲击倾向性，在较高的水平应力作用下，底板煤层易积聚弹性能量，较厚底煤的存在对冲击地压的发生起到促进作用。根据周边煤矿发生的几次动力显现事件分析发现，动力事件均不同程度伴有底板的瞬间突起。

因此，新庄煤矿巷道在掘进过程中，应尽量不留或少留底煤，当必须留底煤时，应当对底煤进行卸压处理。

2.6　掘进强度致灾因素分析

煤岩体中应力集中是诱发冲击地压发生的基本因素，而煤岩体的应力集中现象则与矿井的开采历史以及地质构造有关。

在岩体内开掘巷道后，巷道围岩必然出现应力重新分布，一般将巷道两侧改变后的切向应力增高部分称为支承压力。处于周边的岩块侧向应力为零,为单向压缩状态(见图 2-16),随着巷道向深部发展,岩块逐渐变为三向应力状态。若巷道两侧是松软岩层,则在此压力作用下就可能处于破坏状态。随着破坏向岩体内部发展,岩块的抗压强度逐渐增加,直到某一半径 R 处岩块又处于弹性状态。这样,半径 R 范围内的岩体就处于极限平衡状态,即此范围内岩块的应力圆与其强度包络线相切。这个范围称为极限平衡区。

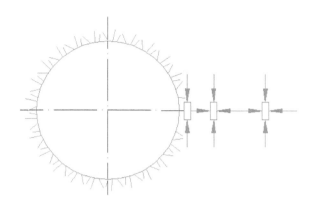

图 2-16　巷道两侧围岩单元体的应力状态

极限平衡区内的静力平衡方程为:

$$r\frac{\mathrm{d}\sigma_r}{\mathrm{d}r} + \sigma_r - \sigma_t = 0 \tag{2-2}$$

根据式(2-2)中的极限平衡条件有:

$$\sigma_t = \frac{1 + \sin\varphi}{1 - \sin\varphi}\sigma_r + \frac{2C\cos\varphi}{1 - \sin\varphi} \tag{2-3}$$

式中,σ_t,σ_r 为极限平衡区内的切向应力与径向应力;C、φ 为岩体的内聚力和内摩擦角;r 为极限平衡区内所研究点的半径。

联立式(2-2)和式(2-3)得:

$$r\frac{\mathrm{d}\sigma_r}{\mathrm{d}r} + \sigma_r - \frac{1 + \sin\varphi}{1 - \sin\varphi}\sigma_r - \frac{2C\cos\varphi}{1 - \sin\varphi} = 0 \tag{2-4}$$

$$\frac{\mathrm{d}\sigma_r}{\sigma_r + C\cot\varphi} = \frac{2\sin\varphi}{1 - \sin\varphi} \cdot \frac{\mathrm{d}r}{r} \tag{2-5}$$

对两边积分得:

$$\ln(\sigma_r - C\cot\varphi) = \frac{2\sin\varphi}{1 - \sin\varphi}\ln r + \ln A \tag{2-6}$$

$$\sigma_r + C\cot\varphi = Ar^{\frac{2\sin\varphi}{1 - \sin\varphi}} \tag{2-7}$$

式中,A 为积分常数。若 $r = r_1$,$\sigma_r = 0$,则:

$$A = C\cot\varphi / r_1^{\frac{2\sin\varphi}{1 - \sin\varphi}} \tag{2-8}$$

可得:

$$\sigma_r = C\cot\varphi\left[\left(\frac{r}{r_1}\right)^{\frac{2\sin\varphi}{1 - \sin\varphi}} - 1\right] \tag{2-9}$$

$$\sigma_r = C\cot\varphi\left[\frac{1 + \sin\varphi}{1 - \sin\varphi}\left(\frac{r}{r_1}\right)^{\frac{2\sin\varphi}{1 - \sin\varphi}} - 1\right] \tag{2-10}$$

根据式(2-10)可作出巷道两侧的切向应力分布图及表示出巷道水平轴上周围各岩块单元体所处的应力状态,如图 2-17 所示。

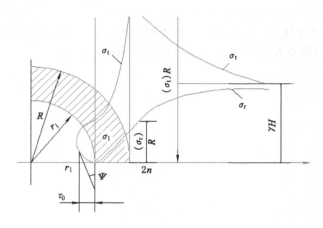

图 2-17　巷道两侧的支承压力分布

常将采场前方或巷道两侧的切向应力分布按大小进行分区,如图 2-18 所示。根据切向应力的大小,可分为减压区和增压区。增压区即通常说的支承压力区。支承压力区的边界一般可以取高于原岩应力的 5% 处。再向内部发展即处于稳压状态的原岩应力区。

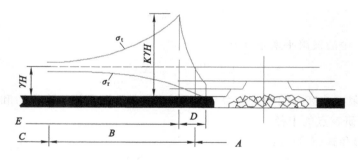

A—减压区;B—增压区;C—稳压区;D—极限平衡区;E—弹性区。

图 2-18　支承压力的分区

由前面所述的冲击致灾过程及条件的分析可知,原岩应力场静载作用下,煤岩系统一般难以发生冲击,而且新庄煤矿致灾过程以动静载叠加影响为主,因此掘进活动的影响为主要部分。众所周知,煤岩体受掘进产生的动载扰动引起应力的重新分布,从而对原岩应力场造成影响,支承压力和静载作用叠加,然后在掘进强度增加、动载扰动下易导致冲击灾害的发生。

第 3 章 大埋深厚表土坚硬覆岩煤岩体破裂过程及支承压力分布带特征

3.1 有限元数值模型构建及模拟方案

3.1.1 研究目标

按照新庄煤矿开采开拓设计,确定矿井首采盘区为一盘区,即煤 5 层一盘区和煤 8 层一盘区。煤 5 层一盘区内煤 5-1 层和煤 5-2 层可采范围小,与煤 8 层一盘区不存在压茬关系,煤 5-1 层和煤 5-2 层为次要可采煤层,煤 8 层为主要可采煤层。新庄煤矿目前处于二期井工开拓阶段,正在开拓几条中央大巷,并掘进 1802 首采工作面的顺槽。

本次数值模拟研究以煤 8 层一盘区工作面回采为主要研究对象,以期得到在大埋深、厚表土、坚硬覆岩等复杂条件下工作面回采过程的围岩支承压力分布特征,为区域性防冲设计提供支撑。

3.1.2 建模条件

（1）建模范围

根据前期开采区域补充勘探资料,煤 8 层一盘区煤层赋存比较稳定,煤层厚度在南部剥蚀边界逐渐变薄。不受上覆煤层的压茬影响,为使矿井尽快投产和达产,设计煤 8 层一盘区首采工作面布置在盘区西部,按照煤 8 层一盘区采掘接续图,选取煤 8 层一盘区西翼工作面回采范围为主要建模区域。

选取大地坐标 X 坐标范围为 36 484 904.420 3～36 491 404.420 3 m、Y 坐标范围为 3 906 759.833 9～3 910 259.833 9 m,Z 坐标范围为 -400 m 至地表,进行大尺寸三维精细化建模,模型尺寸为 6 500 m×3 500 m×1 680 m,建模区域如图 3-1 所示。

建模范围内涉及表土层厚度变化、煤层埋深变化、煤层厚度变化、煤层倾角变化、坚硬顶板厚度变化、向斜构造等复杂条件,具有新庄煤矿的典型代表性。

（2）模型地层分布及网格生成

新庄煤矿一盘区在勘探期、补勘期共有 168 个钻孔钻探揭露了煤 8 层及其顶底板岩层,因此可将上述钻孔作为数值模型的建立依据。克里金插值法是地统计学中的主要方法之一,它在空间相关范围分析的基础上,用相关范围内的采样点来估计待插点属性值。克里金插值法是建立在变异函数理论及结构分析基础之上的,它在有限区域内对区域化变量的取值进行无偏、最优估计。变异函数和相关分析的结果表明,区域化变量存在空间相关性,其实质是利用区域化变量的原始数据和变异函数的结构特点,对未采样点的区域化变量的取

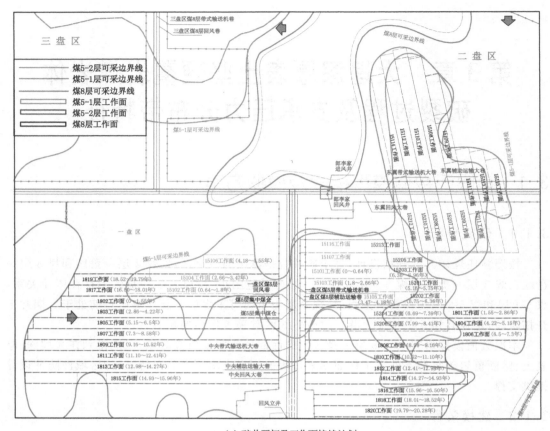

（a）矿井开拓及工作面接续计划

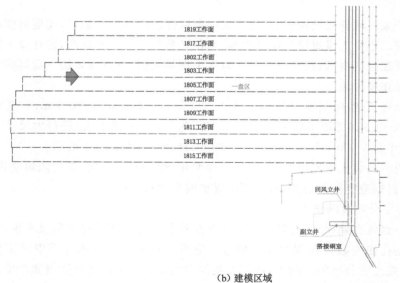

（b）建模区域

图 3-1　数值模型建模范围

值进行线性无偏、最优估计。与其他的插值方法相比,克里金插值法的显著特点是能使误差的方差最小,因此采用克里金插值法生成模型中各地层层面等高线图。

通过各地层"顶层面"和"底层面"等高线图,可以夹逼形式形成真实反映地层厚度、倾角、标高等地质因素变化的层位分布,进而得到煤 8 层一盘区研究范围内各地层分布特征。因矿井地层岩性变化大、地层赋存复杂,为保证数值模型精度和计算时效,对新庄煤矿一盘区地层分布进行一定简化。三维地质模型中主要考虑的地层由上至下有:黄土层、黄土-砂岩的过渡层、煤层上方第一层厚度大于 10 m 的厚砂岩(厚硬顶板)、煤 8 层上方的复杂岩层组(泥岩、厚度小于 10 m 的砂岩)、煤 8 层、煤 8 层底板泥岩、煤 8 层底板砂岩、模型底部边界等。将各地层等高线导入 Rhino 专业建模软件,结合 Griddle 网格生成插件,可建立三维数值模型。各地层顶层面、底层面等高线如图 3-2 所示。

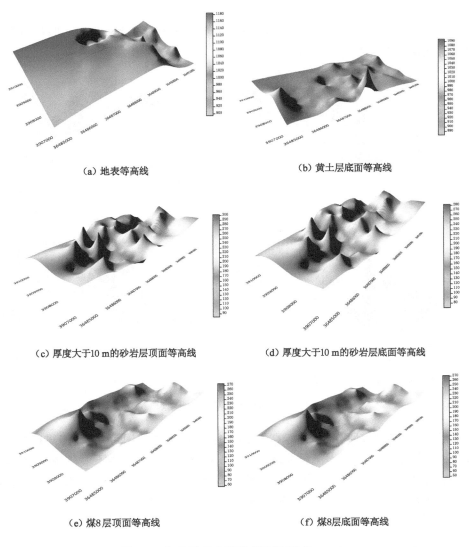

(a) 地表等高线　　　　　　　　　　　　　(b) 黄土层底面等高线

(c) 厚度大于 10 m 的砂岩层顶面等高线　　　(d) 厚度大于 10 m 的砂岩层底面等高线

(e) 煤 8 层顶面等高线　　　　　　　　　　(f) 煤 8 层底面等高线

图 3-2　各地层顶底面等高线图(单位:mm)

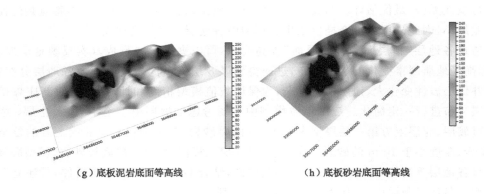

（g）底板泥岩底面等高线　　　　　　　　　　　（h）底板砂岩底面等高线

图 3-2（续）

新庄煤矿一盘区煤 8 层厚度、黄土层厚度、上覆第一层厚度超过 10 m 的砂岩层厚度及其距煤 8 层的距离分布如图 3-3 所示。

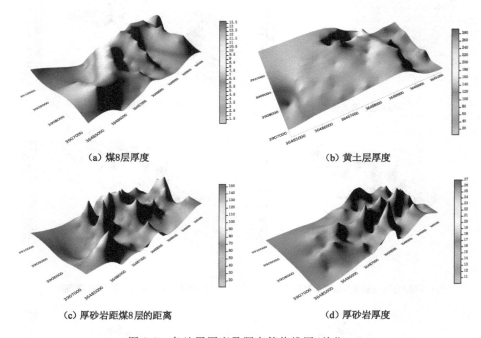

（a）煤8层厚度　　　　　　　　　　　　　　（b）黄土层厚度

（c）厚砂岩距煤8层的距离　　　　　　　　　（d）厚砂岩厚度

图 3-3　各地层厚度及距离等值线图（单位：m）

由煤层、黄土层、厚砂岩等层位标高等值线图、厚度等值线图可知，新庄煤矿一盘区煤 8 层回采工作面沿推进方向在表土层厚度、煤层埋深、煤层厚度、煤层倾角、坚硬顶板厚度等方面都存在较大变化。上述因素对冲击地压具有重要影响，因此，通过精细化三维地质建模来研究新庄煤矿回采过程中围岩应力、能量等的变化特征，可为有效防治冲击地压的发生提供重要保证，如图 3-4 所示。

3.1.3　数值模型构建

依据新庄煤矿煤 8 层一盘区跳采工作面接续计划以及中央回风大巷、中央辅助运输大

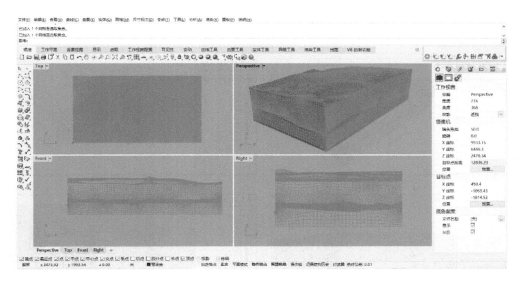

图 3-4 三维地质建模过程示意图

巷、中央带式输送机大巷布置,煤 8 层一盘区西翼工作面布置如图 3-5 所示。模拟首采工作面宽度为 150～300 m,首采工作面与相邻接续工作面 1 之间的区段煤柱宽度预设为 5 m,另布置接续工作面 2、接续工作面 3,接续工作面间的煤柱宽度预设为 5 m。各工作面停采线与最近的中央回风大巷距离为 150 m,中央大巷断面尺寸设为 6 m×6 m,各大巷之间间隔为 50 m。

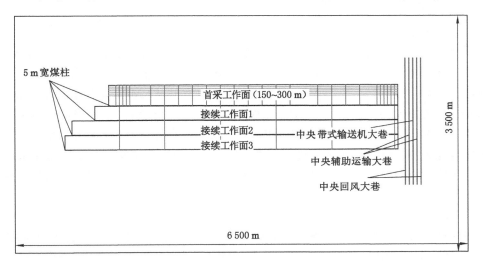

图 3-5 矿井煤 8 层一盘区西翼工作面布置

依据矿井钻孔勘探信息和工作面接续布置图建立三维数值模型,如图 3-6 所示。模型走向长为 6 500 m、倾向长为 3 500 m,模型底部标高为 −400 m,模型顶部标高最高约 +1 280 m、最低约 +880 m,共 2 315 212 个单元体、1 021 362 个节点,单元体最小边长为 2 m,最大边长为 150 m。模型中预设 1802 工作面($X=1\ 350～5\ 450$ m,$Y=2\ 165～2\ 465$ m)、1803 工作面、1805 工作面、1807 工作面,各相邻工作面之间留设 5 m 宽的煤柱,在各工作面预设停采线东侧布置 5 条中央大巷,自西向东依次为中央西回风大巷、中央西辅助运输大巷、中央带式输送机大巷、中央东辅助运输大巷、中央东回风大巷。

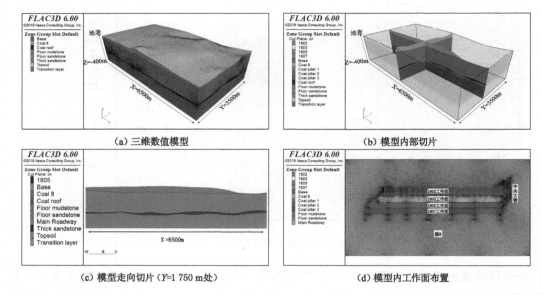

（a）三维数值模型　　　　　　　　　　（b）模型内部切片

（c）模型走向切片（Y=1 750 m处）　　　　　（d）模型内工作面布置

图 3-6　三维数值模型

3.1.4　模型参数及边界条件

（1）边界条件

根据《新庄煤矿地质力学测试报告》测试结果可知:第一测点最大水平主应力为 26.93 MPa,最小水平主应力为 13.68 MPa,垂直应力为 24.17 MPa,最大水平主应力方向为北偏东 41.5°;第二测点最大水平主应力为 25.23 MPa,最小水平主应力为 13.88 MPa,垂直应力为 24.38 MPa,最大水平主应力方向为北偏东 32.8°;第三测点最大水平主应力为 24.94 MPa,最小水平主应力为 13.36 MPa,垂直应力为 24.19 MPa,最大水平主应力方向为北偏东 43.8°。

依据地应力测试结果设定模型边界条件,模型 X 方向和 Y 方向两侧边界固定法向位移并施加水平应力;模型底部固定法向位移;模型顶部为地表,设定自由边界;重力加速度设置为 10 m/s²。

（2）煤岩物理力学参数

数值计算采用莫尔-库仑准则模型。实验室所测试样一般为完整性较好的煤岩块,而在实际地质赋存中,煤岩层中围岩存在大量节理、断层和微裂隙等,煤体或岩体的力学参数小于实验室所测得的力学参数。因此需要对数值模拟中煤岩样力学参数的赋值相对实验室所测力学参数进行一定折减,以符合现场实际。本次研究中煤岩体物理力学参数如表 3-1 所示。

表 3-1　数值模拟煤岩体物理力学参数表

地层	密度/(kg/m³)	弹性模量/GPa	泊松比	内聚力/MPa	内摩擦角/(°)	抗拉强度/MPa
黄土	1 640	0.185	0.14	0.093 8	34.5	0.35
过渡层	2 541	8.163	0.25	4.8	34.21	2.81

表 3-1(续)

地层	密度/(kg/m³)	弹性模量/GPa	泊松比	内聚力/MPa	内摩擦角/(°)	抗拉强度/MPa
厚砂岩	2 618	11.62	0.22	4.249	34.00	3.17
煤顶板	2 548	6.48	0.17	2.505	25.97	2.7
煤 8	1 390	2.607	0.25	2	24.80	1.97
泥岩底板	2 200	3.07	0.25	2.37	26.21	1.91
砂岩底板	2 447	9.28	0.26	4.408	34.05	1.78
基岩	2 500	14	0.24	5.62	33.31	2.81

3.1.5 数值模拟方案

（1）原岩应力求解方案

为明确煤 8 层一盘区三维地质模型在受到开采作业扰动前围岩应力分布演化特征,研究地形地貌、地层分布等地质因素对工作面围岩应力和能量分布的影响。

对三维模型施加前文所述的应力边界和位移边界,按照地层分组赋予煤岩物理力学参数,进行原岩应力求解。

（2）工作面宽度数值模拟方案

工作面宽度是矿井开采工艺的重要参数,从采场开切眼推进起,到地层运动进入充分采动阶段为止,岩层离层、破裂的最大高度与采空区尺寸具有一定相关性,因此工作面宽度对矿井冲击地压灾害显现有重要影响。为研究不同回采宽度下对相邻待采工作面的影响、侧向支承压力分布特征和峰值位置、围岩弹性能及其峰值、围岩冲击危险性分布等的特征,以新庄煤矿一盘区煤 8 层首采 1802 工作面为例,分别研究 1802 工作面宽度为 150 m、175 m、200 m、225 m、250 m、275 m、300 m 时,围岩应力场、能量场变化规律和变化特征,如图 3-7 所示。

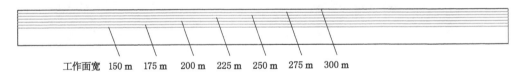

工作面宽 150 m 175 m 200 m 225 m 250 m 275 m 300 m

图 3-7 首采工作面不同宽度模拟研究示意图

工作面宽度模拟研究方案如下:

① 基于原岩应力平衡结果,一次开挖模型东侧的中央回风大巷、中央辅助运输大巷、中央带式运输机大巷,计算平衡。

② 基于中央大巷开挖后的平衡计算结果,将 1802 工作面(长 4 100 m)分两次推进,第一次推进 2 000 m,计算平衡;再将 1802 工作面推进 2 100 m,计算平衡。工作面推进如图 3-8 所示。

（3）工作面回采过程围岩"三场"演化规律模拟方案

① 首采面"见方"过程数值研究模拟方案

为分析研究 1802 工作面各方向采空边界围岩应力和弹性能分布演化特征,研究 1802

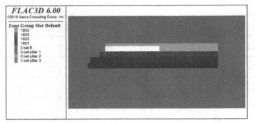
(a) 1802工作面推进2 000 m

(b) 1802工作面再次推进2 100 m

图 3-8　工作面分步推进示意图

工作面"见方"（工作面推进距离与工作面的宽度接近时称为工作面"见方"）前后围岩冲击地压危险分布规律。以 1802 首采工作面为研究对象，以 50 m 的推进步距将 1802 工作面依次推进至 100 m、150 m、200 m（见方）、250 m、300 m，每次推进后求解平衡，之后按照 400 m 步距进行推进，如图 3-9、图 3-10 所示。

图 3-9　首采工作面推进过程模拟研究示意图

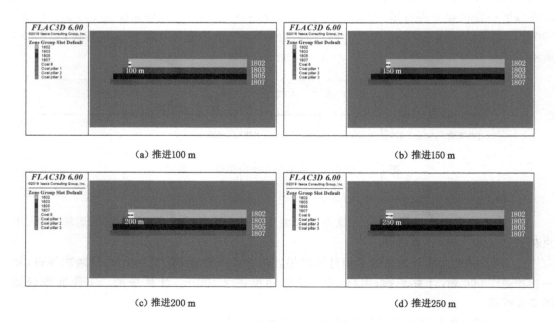

(a) 推进100 m

(b) 推进150 m

(c) 推进200 m

(d) 推进250 m

图 3-10　1802 工作面"见方"推进示意图

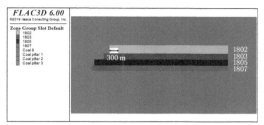

（e）推进300 m

图 3-10（续）

② 首采面回采过程数值研究模拟方案

为研究工作面回采过程中围岩支承压力、应力峰值、弹性能、弹性能峰值等的分布演化特征，分析地表标高、黄土层厚度、煤层埋深、坚硬顶板岩层、煤层厚度及倾角变化等复杂地质条件的影响，圈定高应力和高弹性能集中区域，为工作面实际回采进行冲击地压防治提供理论依据。设计以下模拟方案：1802 工作面"见方"后整体以 400 m 的推进步距回采 1802工作面，每次推进后求解平衡，如图 3-11 所示。

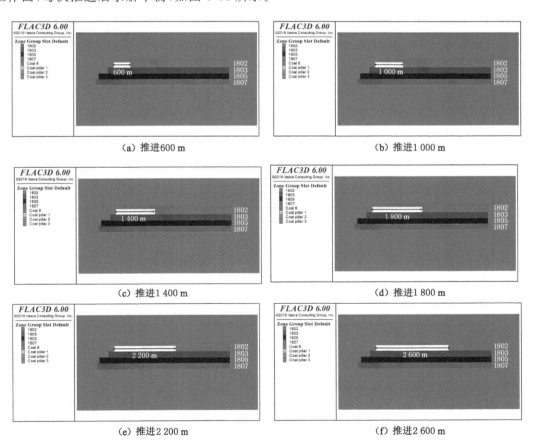

（a）推进600 m　　　　　　　　　　　　（b）推进1 000 m

（c）推进1 400 m　　　　　　　　　　　　（d）推进1 800 m

（e）推进2 200 m　　　　　　　　　　　　（f）推进2 600 m

图 3-11　1802 工作面回采过程示意图

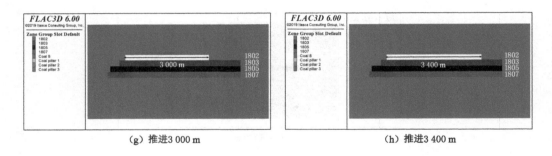

(g) 推进 3 000 m (h) 推进 3 400 m

图 3-11（续）

③ 首采面回采末期数值研究模拟方案

为研究 1802 工作面至中央回风大巷边界范围内围岩应力场、能量场、位移场分布演化特征，分析不同保护煤柱宽度下中央大巷围岩应力、弹性能和位移的变化规律，对比研究不同保护煤柱宽度下中央大巷围岩稳定性，从而确定合理的中央大巷保护煤柱宽度，以保证中央大巷长期稳定使用。设计以下推进步骤：

基于 1802 工作面回采过程研究模拟方案，依次模拟推进 1802 工作面停采线距离中央大巷边界 350 m（推进长度 3 900 m）、300 m（推进长度 3 950 m）、250 m（推进长度 4 000 m）、200 m（推进长度 4 050 m）、150 m（推进长度 4 100 m）、100 m（推进长度 4 150 m），每次推进后求解平衡，具体推进步骤如图 3-12、图 3-13 所示。

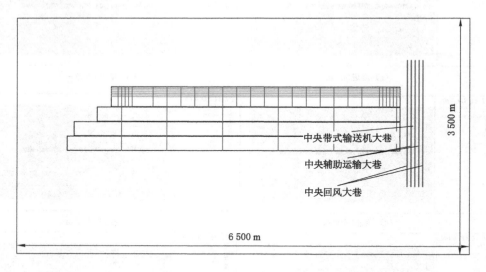

图 3-12　中央大巷保护煤柱宽度模拟研究示意图

④ 接续面回采过程数值研究模拟方案

为研究接续面 1803、1805、1807 工作面回采过程的围岩"三场"演化规律，研究多个工作面开采对中央大巷围岩应力、位移等的影响及影响程度，设计如下模拟方案：基于 1802 工作面分步推进结果，依次推进 1803、1805、1807 工作面，每个工作面分三步推进，每次推进后求解模型平衡，具体推进步骤如图 3-14 所示。

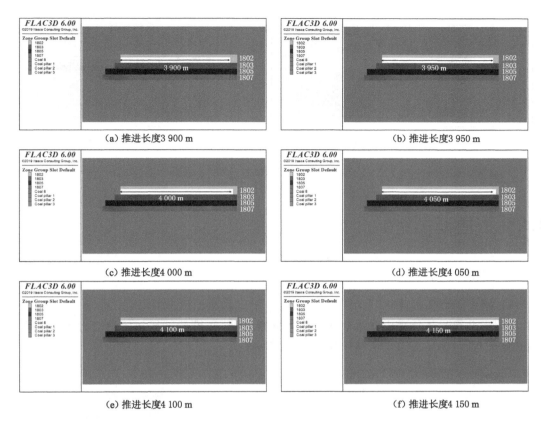

图 3-13　中央大巷保护煤柱宽度研究

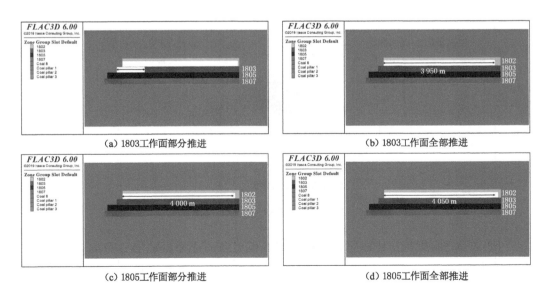

图 3-14　接续工作面推进示意图

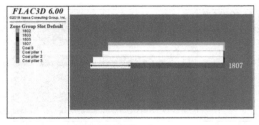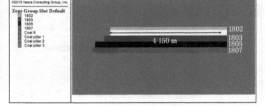

(e) 推进长度4 100 m　　　　　　　　(f) 1807工作面全部推进

图 3-14(续)

3.2　数值模拟结果分析

3.2.1　原岩应力分析

（1）原岩应力分布特征

依据矿井煤岩体物理力学参数和地应力分布特征，对模型进行初始地应力求解平衡计算，求解平衡后，模型应力平衡结果如图 3-15 所示。

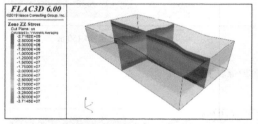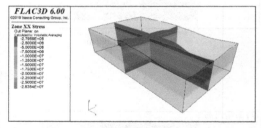

（a）垂向原岩应力分布　　　　　　　　（b）X 向水平应力分布

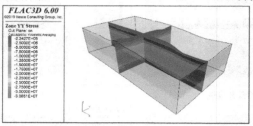

（c）Y 向水平应力分布

图 3-15　三维地质模型初始地应力平衡结果

由图 3-15 可知，进行初始地应力分布求解后模型各向应力沿地层分布均匀，无应力集中、突变等现象，模型垂向和水平向受力平衡，表明模型求解过程中边界条件和参数合理。模型中部 $X=3\ 250$ m、$Y=1\ 750$ m 处应力分布如图 3-16 所示。

分析图 3-16 可知，随着埋深增大围岩垂直应力和水平应力呈现近似线性递增规律。模型浅埋层围岩应力增长速率较小，地应力分布侧压力系数出较大变化；模型深埋层围岩应力

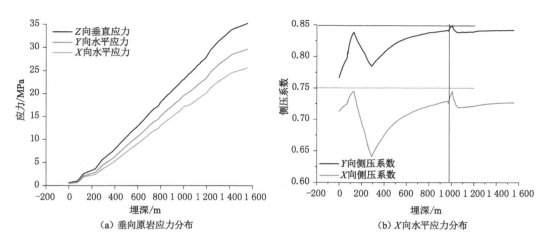

(a) 垂向原岩应力分布　　　　　　　　　　（b) X向水平应力分布

图 3-16　三维地质模型初始应力分布曲线

增长速率加大并整体趋于稳定,侧压力系数也逐渐趋于稳定。在模型埋深约 980 m 位置 Y 向水平应力侧压系数约为 0.833、X 向水平应力侧压系数约为 0.733,与地应力测试计算结果基本接近。综合图 3-15、图 3-16 可知,模型初始地应力求解整体符合地应力测试结果,因此可认为模型应力边界和煤岩体参数整体符合现场实际。

煤 8 层未进行开采作业前地层各向应力分布如图 3-17 所示。对比图 3-17(a)、(b)、(c) 可知,煤 8 层未开采前围岩应力为 Z 向垂直应力＞Y 向水平应力＞X 向水平应力,水平应力和垂向应力整体符合地应力测试结果,煤层应力沿走向和倾向分布具有明显的区域特征且垂向和水平应力分布规律基本一致。

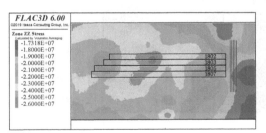

（a）煤层垂向应力分布

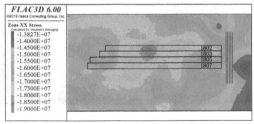

（b）煤层X向水平应力分布

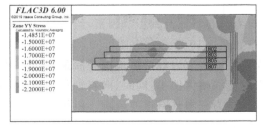

（c）煤层Y向水平应力分布

图 3-17　煤 8 层原岩应力分布

煤 8 层原岩应力分布具有区域性特征,最大垂直应力约为 26 MPa,最小垂直应力约为 17 MPa,最大应力差约为 9 MPa。应力峰值区主要分布在 X:2 000～3 250 m、Y:1 175～2 515 m 处,主要影响煤 8 层一盘区 1802、1803、1805、1807 工作面。其中 X:2 690～3 000 m、Y:2 010～2 320 m 范围原岩应力峰值最高,主要影响 1802 和 1803 工作面,位于工作面中段偏向开切眼方向,距离 1802 工作面开切眼 1 340～1 650 m。应力高值区主要分布在模型西北角、沿应力峰值区西南方向和东向的一定延伸范围。煤层东部边界和工作面开切眼区域围岩原岩应力相对较低。同时,在工作面停采线及大巷区域,原岩应力差异大、应力梯度高。

(2)原岩应力影响因素分析

依据钻孔数据可知,矿区地层分布复杂,沿走向和倾向煤层的厚度、标高、埋深等地质参数都会发生变化,从而可能导致煤层赋存起伏变化、应力分布特征复杂。

图 3-18 所示为一盘区内煤 8 层经过的水平面(Z＝133 m)内的地层分布。由图可知,截面中部地层主要为煤 8 层顶板,小范围出现煤 8 层上覆第 1 层厚度超 10 m 的砂岩层(厚硬顶板),局部出现厚硬顶板上方的复杂岩层组,说明截面中部煤 8 层标高低、埋深较大。由截面中部逐渐向截面四周扩展,地层由厚硬砂岩、顶板岩层等快速过渡至煤 8 层、煤 8 层底板泥岩、底板砂岩等,说明该范围内煤 8 层标高增大、煤层倾角相对较大。整体而言,煤 8 层赋存较为复杂,煤层倾角、埋深、顶底板等沿走向和倾向都存在一定程度变化,不同地层之间存在明显的穿插、起伏。

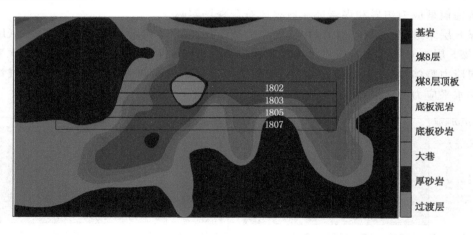

图 3-18　Z＝133 m 水平地层分布

为分析煤 8 层围岩应力分布特征及其影响因素,绘制煤 8 层埋深等值线,煤 8 层垂直应力分布和埋深等值线分布如图 3-19 所示。由图可知,煤 8 层垂直应力分布特征和煤层埋深等值线分布较为吻合,煤 8 层原岩应力峰值区范围埋深最大、煤 8 层原岩应力峰值埋深整体较大,煤 8 层应力低值区内埋深整体偏小,同时,向斜轴部区域整体埋深较大,原岩应力整体较高,表明煤层埋深对垂直应力分布具有重要影响。由煤 8 层埋深等高线分布可知,煤 8 层最大埋深约 1 100 m,最小埋深约 700 m。以岩层平均密度 2 500 kg/m³ 进行估算,垂直应力差约 10 MPa,与初始应力求解结果基本一致,进一步验证了初始平衡求解的准确性。

分别提取模型 Y＝1 750 m 处煤 8 层垂直应力、埋深、标高、黄土层厚度、地表标高等地质因素分布曲线,如图 3-20 所示。

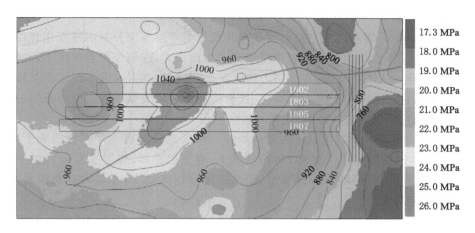

注：黑色带数字标记的曲线为煤 8 层埋深等值线,彩色充填为煤 8 层原岩应力分布云图。

图 3-19　煤 8 层埋深等值线及煤 8 层垂直应力云图

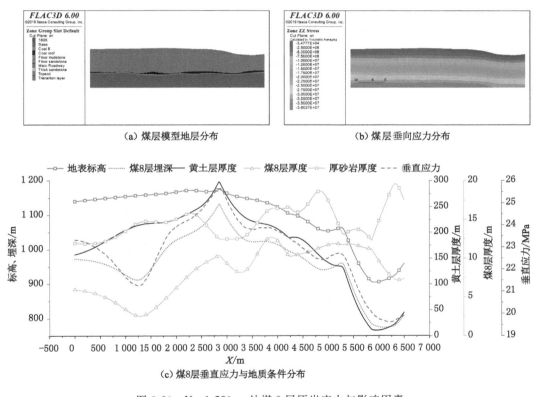

（a）煤层模型地层分布　　　　　　　　　（b）煤层垂向应力分布

（c）煤8层垂直应力与地质条件分布

图 3-20　Y＝1 750 m 处煤 8 层原岩应力与影响因素

图 3-20(a)为该剖面处模型地层分布。由图 3-20(b)可知,模型中部和西侧地表海拔较高,模型底部垂直应力较大;模型东侧地表海拔较低,相较剖面最高点海拔约降低 300 m,模型底部垂直应力约降低 5 MPa。模型整体垂直应力分布受地表标高影响,模型地表标高越大,模型底部围岩垂直应力越大,反之,则模型底部围岩垂直应力越小。地表标高对模型整

体应力分布有主要影响。

由图 3-20(c)可知,煤 8 层垂直应力曲线变化规律与煤层埋深分布曲线变化规律具有较好的相关性,煤 8 层垂直应力整体随着煤层埋深增大而增大,亦随煤层埋深减小而减小。当煤 8 层埋深增大至约 1 050 m 时,煤层应力增大至 24.5 MPa 左右;当煤 8 层埋深减小至约 700 m 时,煤层垂直应力减小至约 18 MPa。这表明埋深是影响煤层垂直应力分布的最主要因素,对煤层垂直应力分布起主导作用。

煤层原岩应力分布亦受其他地质因素的影响。矿区地表覆盖一定厚度的表土层,表土层较为松散,土体密度明显小于岩体,相同埋深下,表土层越厚,煤层垂直应力越小。模型 $X=0\sim800$ m 范围,煤 8 层埋深缓慢减小,表土层厚度逐渐增大,在多种地质因素作用下,煤层垂直应力快速降低。

综合图 3-20 可知,受矿井地表标高、煤层埋深、表土层厚度、上覆岩层密度等地质因素影响,煤 8 层围岩各向应力分布规律复杂、应力差异较大,易导致工作面后续回采过程中围岩集中应力分布特征和冲击危险区不易预测准确清楚,不利于矿井安全生产。因此,有必要通过三维精细化模型进一步模拟工作面回采过程的应力、能量等的分布演化特征。

3.2.2 工作面合理宽度研究

(1) 不同工作面宽度围岩"多场"分布演化特征

① 采动应力分布演化规律

依据图 3-7 所示的开挖步骤,分别模拟推进 1802 首采工作面宽度为 150 m、175 m、200 m、225 m、250 m、275 m、300 m 时 7 种情况。分别提取 1802 首采工作面 7 种不同宽度下工作面围岩应力分布,如图 3-21 所示。

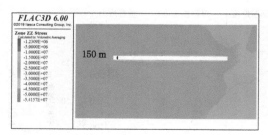
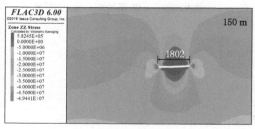

（a）工作面宽150 m平面应力图　　　　（b）工作面宽150 m剖面应力图

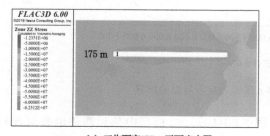
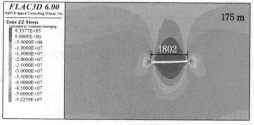

（c）工作面宽175 m平面应力图　　　　（d）工作面宽175 m剖面应力图

图 3-21　不同宽度条件下工作面围岩应力分布（剖面为 $X=3\,230$ m）

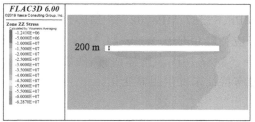
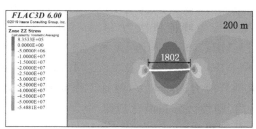

（e）工作面宽200 m平面应力图　　　　　（f）工作面宽200 m剖面应力图

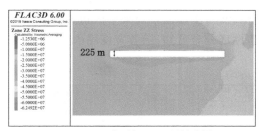
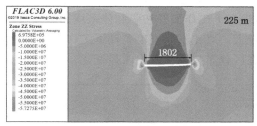

（g）工作面宽225 m平面应力图　　　　　（h）工作面宽225 m剖面应力图

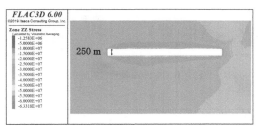
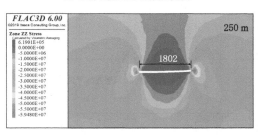

（i）工作面宽250 m平面应力图　　　　　（j）工作面宽250 m剖面应力图

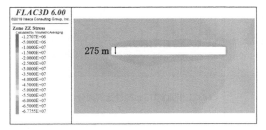
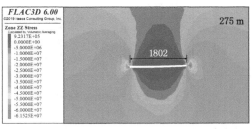

（k）工作面宽275 m平面应力图　　　　　（l）工作面宽275 m剖面应力图

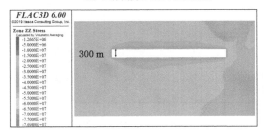
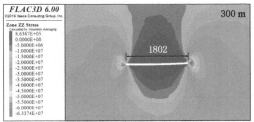

（m）工作面宽300 m平面应力图　　　　　（n）工作面宽300 m剖面应力图

图 3-21（续）

由图 3-21 可知,随着 1802 工作面宽度由 150 m 增大至 300 m,围岩应力也整体随之增大,煤层应力峰值依次为 54.15 MPa、62.31 MPa、62.87 MPa、62.49 MPa、63.32 MPa、67.76 MPa、76.99 MPa,$X = 3\ 230$ m 剖面围岩应力峰值依次为 49.44 MPa、52.26 MPa、54.88 MPa、57.28 MPa、59.48 MPa、61.53 MPa、63.37 MPa。整体而言,随着工作面宽度增大围岩应力逐渐增大,但是工作面围岩应力分布特征未发生明显变化。

② 塑性区分布演化规律

分别提取 1802 首采工作面 7 种不同宽度下工作面塑性区分布状态,如图 3-22 所示。由塑性区平面分布图可知,1802 工作面边界塑性区域主要分布在距采空边界 5~20 m 范围内,走向上工作面开切眼和停采线附近塑性区范围较小,工作面中部采空区边界的塑性区范围较大。对比不同宽度条件下工作面围岩走向塑性区分布可知,随着宽度增大,工作面走向塑性区分布特征未发生明显变化。

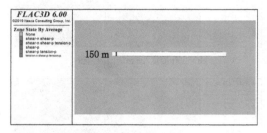

(a) 工作面宽 150 m 塑性区平面分布

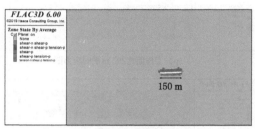

(b) 工作面宽 150 m 塑性区剖面分布

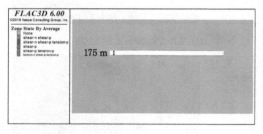

(c) 工作面宽 175 m 塑性区平面分布

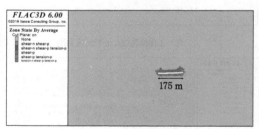

(d) 工作面宽 175 m 塑性区剖面分布

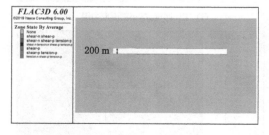

(e) 工作面宽 200 m 塑性区平面分布

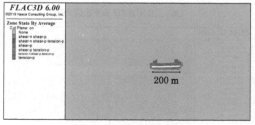

(f) 工作面宽 200 m 塑性区剖面分布

图 3-22　不同宽度条件下工作面围岩塑性区分布(剖面为 $X = 3\ 230$ m)

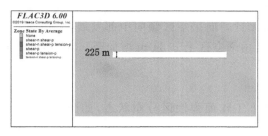

（g）工作面宽225 m塑性区平面分布　　　　　（h）工作面宽225 m塑性区剖面分布

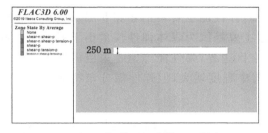
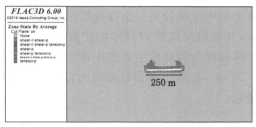

（i）工作面宽250 m塑性区平面分布　　　　　（j）工作面宽250 m塑性区剖面分布

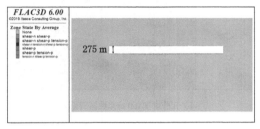
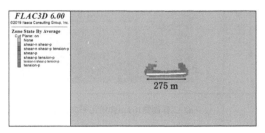

（k）工作面宽275 m塑性区平面分布　　　　　（l）工作面宽275 m塑性区剖面分布

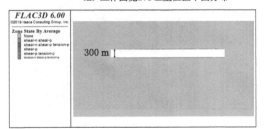

（m）工作面宽300 m塑性区平面分布　　　　　（n）工作面宽300 m塑性区剖面分布

图 3-22（续）

由图 3-22 塑性区剖面分布图可知,受开采活动影响采空区顶底板都发生一定范围的塑性破坏。采空区下方底板塑性破坏区域为距采空区边界 15～20 m 范围内,主要分布在采空区下方的泥岩底板和薄砂岩底板中,采空区下方塑性区深度整体随着泥岩和薄砂岩底板厚度变化而变化,底板越厚,塑性区向下延伸越深。采空区上方围岩塑性区也主要集中分布在煤 8 层上方单层厚度小于 10 m 的复杂岩层组以及煤 8 层上方第 1 层厚度超 10 m 的厚砂岩中。厚砂岩上方岩层中塑性破坏区域分布较少,仅在采空区两侧边界上方出现朝采空区内部发展的塑性破坏岩体。对比分析不同宽度条件下 1802 采空区上方塑性区分布可知,随着工作面宽度增加,采空区倾向中部塑性区范围未发生明显变化,塑性区发育高度为煤层上方 20~30 m;但采空区两侧上方塑性区逐渐增大且朝向采空区倾向中部发展,工作面宽度由 150 m 增加至 300 m 时,两侧塑性区发育高度由采空区上方 34 m 增加至 93 m,朝采空区中部发育了约 41 m。

③ 弹性能分布演化规律

分别提取 1802 首采工作面 7 种不同宽度下工作面弹性区分布状态,如图 3-23 所示。由煤层弹性区平面分布图可知,围岩弹性能主要集中在距离 1802 采空区边界 20~200 m 范围内,沿工作面走向开切眼和停采线附近弹性能集中范围较小,工作面中部采空区边界围岩弹性能集中范围较大。由弹性区剖面分布图可知,弹性能主要集中在煤 8 层及其顶底板岩层中,其他岩层组围岩弹性能密度整体偏小,这主要是因为煤体弹性模量小于岩体弹性模量。煤体弹性能峰值主要集中在工作面两侧采空区边界,弹性能峰值距采空区边界一般为 15~20 m。随着工作面宽度增大,围岩弹性能集中程度增大,但弹性能分布特征未发生明显变化。

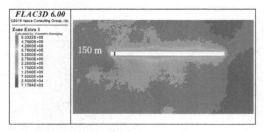

（a）工作面宽150 m弹性区平面分布

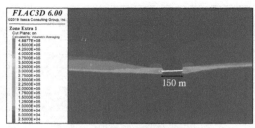

（b）工作面宽150 m弹性区剖面分布

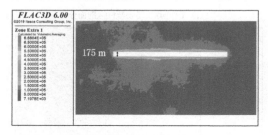

（c）工作面宽175 m弹性区平面分布

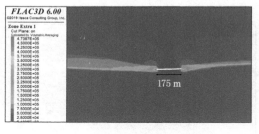

（d）工作面宽175 m弹性区剖面分布

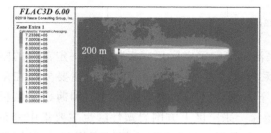

（e）工作面宽200 m弹性区平面分布

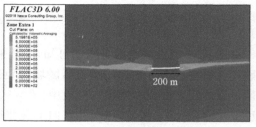

（f）工作面宽200 m弹性区剖面分布

图 3-23　不同宽度条件下工作面围岩弹性区分布(剖面为 $X=3\ 230$ m)

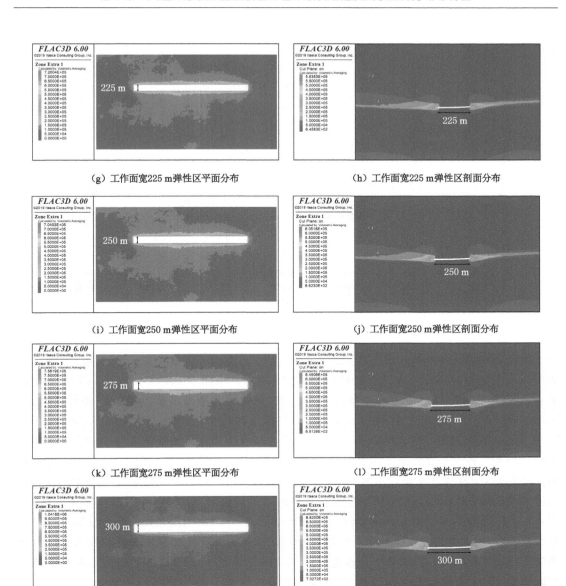

（g）工作面宽225 m弹性区平面分布　　　（h）工作面宽225 m弹性区剖面分布

（i）工作面宽250 m弹性区平面分布　　　（j）工作面宽250 m弹性区剖面分布

（k）工作面宽275 m弹性区平面分布　　　（l）工作面宽275 m弹性区剖面分布

（m）工作面宽300 m弹性区平面分布　　　（n）工作面宽300 m弹性区剖面分布

图 3-23（续）

（2）工作面合理宽度确定

为分析工作面宽度对围岩应力的影响,提取 $X = 3\ 230$ m 处剖面沿煤层分布的垂直应力曲线,如图 3-24 所示。$Y = 2\ 165$ m 处为 1802 工作面南侧采空区边界,$Y = 2\ 315 \sim 2\ 465$ m 处为 1802 工作面北侧采空区边界。受煤层厚度、与坚硬顶板间的距离、煤层埋深等地质因素影响,随着 1802 工作面宽度从 150 m 增大至 300 m,围岩应力集中区、应力峰值位置不断迁移演化,因此 $Y = 2\ 315 \sim 2\ 465$ m 区域围岩应力峰值无明显规律,$Y = 2\ 165$ m 处采空区边界围岩应力峰值由 43.43 MPa 增大至 55.75 MPa,表明随着工作面宽度增大,上覆顶板岩层运动越剧烈,采空区侧向支承压力越大。

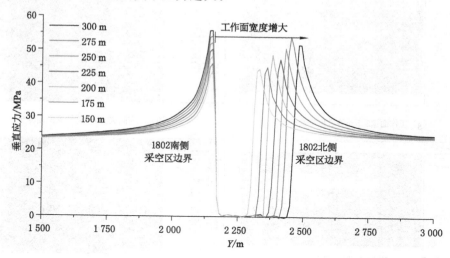

图 3-24　剖面 X＝3 230 m 处沿煤层分布的围岩垂直应力曲线

提取剖面 X＝3 230 m、Z＝115 m 处 1802 工作面南侧(Y＝2 165 m,固定边界)采空区边界围岩应力与弹性能分布演化特征,如图 3-25 所示。由图 3-25(a)可知,＋115 m 水平处围岩应力分布与沿煤层应力分布特征基本一致,集中应力随着工作面宽度的增大而增大。工作面宽度从 150 m 增大至 300 m,垂直应力峰值依次为 47.7 MPa、50.4 MPa、53.0 MPa、55.3 MPa、57.5 MPa、59.6 MPa、61.5 MPa,应力峰值距采空区边界约 20 m。从图 3-25(b)中可知,1802 采空区边界围岩弹性能变化与垂直应力分布演化特征相似,由采空区边界向实体煤延伸,围岩弹性能快速增大,在距离采空区边界 10～15 m 范围内达到弹性能峰值,峰值 400～640 kJ/m³。此后围岩弹性能在距离采空区边界 20～30 m 范围内快速降低,当围岩与采空区边界的距离大于 30 m 时,弹性能降低速率变缓;当围岩距离采空区边界 150 m 左右范围时,围岩弹性能较未开采前增幅较小,表明 1802 采空区对 150 m 外的煤岩体应力和弹性能分布的影响较小。随着工作面宽度由 150 m 增大至 300 m,弹性能峰值位置由距离采空区边界 10 m 向距离采空区边界 15 m 转移,采空区边界弹性能峰值依次为 400 kJ/m³、444 kJ/m³、486 kJ/m³、526 kJ/m³、566 kJ/m³、604 kJ/m³、640 kJ/m³,工作面宽度越大,围岩弹性能越集中。

提取剖面 X＝3 230 m、Z＝107 m 处 1802 工作面北侧(变化边界)采空区边界围岩应力与弹性能分布演化特征,如图 3-26 所示。由图 3-26(a)可知,随着工作面宽度从 150 m 增大至 300 m,Z＝107 m 水平围岩的应力整体呈现增大的趋势,应力峰值依次为 46.5 MPa、48.4 MPa、48.8 MPa、50.7 MPa、51.7 MPa、53.3 MPa、55.4 MPa。由图 3-26(b)可知,受煤层埋深、煤层标高、与厚硬顶板间的距离等地质因素影响,北侧采空区边界应力和弹性能集中区域随工作面宽度变化不断迁移演化。随着工作面宽度从 150 m 增大至 300 m,Z＝107 m 水平围岩的弹性能密度无明显递增或递减的规律,弹性能峰值依次为 420.3 kJ/m³、392.8 kJ/m³、372.6 kJ/m³、425.6 kJ/m³、419.9 kJ/m³、456.3 kJ/m³、504.6 kJ/m³。对比 1802 工作面两侧采空区边界围岩应力和弹性能分布(图 3-25、图 3-26)可知,工作面南侧采

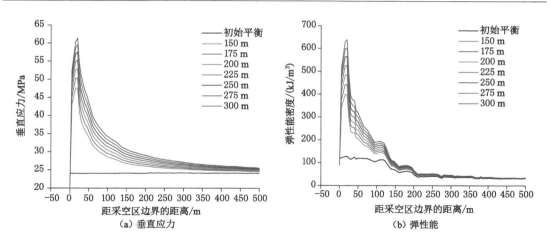

图 3-25　1802 工作面南侧采空区边界($Y=2\,165$ m)围岩应力和弹性能分布

空区边界煤层与厚砂岩的距离整体小于工作面北侧边界,工作面南侧($Y=2\,165$ m)采空区边界围岩应力和弹性能及集中程度整体高于工作面北侧($Y=2\,315\sim2\,465$ m)。

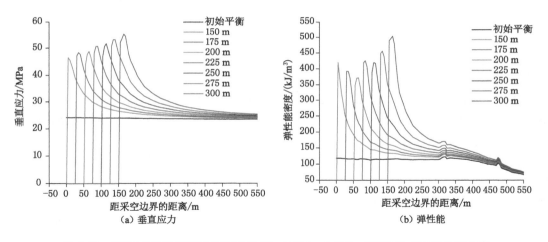

图 3-26　1802 工作面北侧采空区边界($Y=2\,315\sim2\,465$ m)围岩应力和弹性能分布

综上所述,随着工作面宽度增大,围岩应力和弹性能集中程度也随之增大,应力峰值距离采空区边界一般为 $15\sim20$ m,弹性能峰值距采空区边界约为 20 m,1802 工作面侧向支承压力影响范围一般为 $200\sim250$ m。

一方面,依据开采技术因素影响的冲击地压危险指数评估表中工作面宽度对冲击危险的影响,工作面宽度小于 100 m 时冲击危险评估指数为 3(最高),工作面宽度为 $100\sim150$ m 时冲击危险评估指数为 2,工作面宽度为 $150\sim300$ m 时冲击危险评估指数为 1,工作面宽度大于 300 m 时冲击危险评估指数为 0。评估指数越高冲击危险越高,因此布置工作面时,应当避免出现较高的冲击危险评估指数,从该角度考虑,工作面宽度应尽量取大。

另一方面,从围岩应力集中程度和塑性区发育高度考虑,工作面宽度越大则煤层应力峰值越大、塑性区发育高度越高,意味着煤层上方覆岩运动越剧烈、开采扰动更强,因此实际生产时工作面宽度又不宜过大。由图 3-27 知,工作面倾向剖面的应力峰值随工作面宽度的增加而近似线性增大;煤层内应力峰值随工作面宽度增加出现 3 次台阶式升高,分别为工作面宽度 175 m、275 m 和 300 m 时,工作面宽度为 175～250 m 时煤层应力峰值相差较小;同时煤层上方塑性区发育高度随工作面宽度增加在 225～250 m 时出现了显著增大。综合分析认为,工作面合理宽度可取为大于 175 m 而小于 250 m。

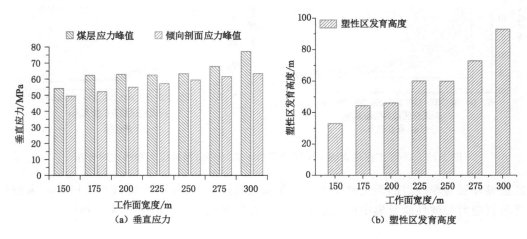

图 3-27 围岩垂直应力和塑性区发育高度随工作面宽度的变化

3.2.3 首采工作面回采"多场"演化规律

依据矿井工作面接续计划和 1802 首采工作面布置,以首采工作面宽度为 200 m 的条件,基于盘区三维数值模型,模拟研究 1802 工作面回采过程中围岩应力场、能量场等的演化规律。

(1)首采面"见方"过程中围岩应力分布特征

依据 1802 工作面设计,工作面在开挖至 200 m 时"见方"。依次将 1802 工作面开挖至 100 m、150 m、200 m、250 m、300 m,研究工作面"见方"前后围岩应力分布演化特征。采空区边界应力分布如图 3-28 所示。

由图 3-28 可知,1802 工作面"见方"过程中,随着工作面推进距离由 100 m 增大至 300 m,采空区边界应力集中程度和峰值区范围逐渐增大。研究工作面四周边界围岩应力分布演化规律可知,随着回采长度增加,应力峰值和应力高值区逐渐由东西两侧采空区边界向南北两侧采空区边界转移,即由工作面的超前煤壁转移至侧向煤体。

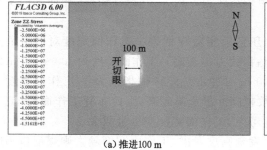

(a)推进100 m

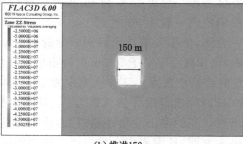

(b)推进150 m

图 3-28 1802 工作面"见方"前后采空区边界围岩应力分布云图

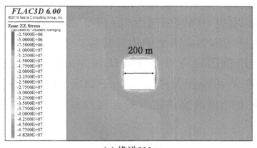
（c）推进 200 m

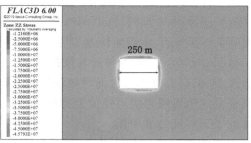
（d）推进 250 m

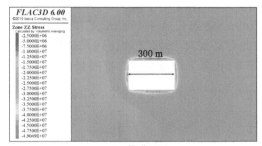
（e）推进 300 m

图 3-28（续）

　　为进一步分析采空区四周边界围岩应力和应力峰值区演化、跃迁过程，提取工作面开切眼侧和南侧采空区边界的应力分布曲线，如图 3-29 所示。

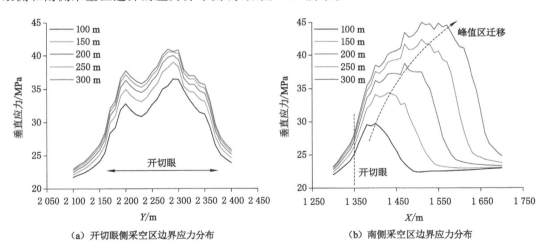

（a）开切眼侧采空区边界应力分布　　　　（b）南侧采空区边界应力分布

图 3-29　1802 工作面"见方"前后采空区边界围岩应力分布演化（沿煤层）

　　对比采空区开切眼侧和南侧边界围岩应力分布演化特征可知，工作面"见方"前，随着推进长度从 100 m 增大至 200 m，开切眼侧围岩应力峰值依次为 36.5 MPa、39.0 MPa、40 MPa，南侧采空区边界应力峰值依次为 29.7 MPa、34.4 MPa、38.8 MPa。此时推进长度小于工作面宽度，开切眼侧为采空区长边，南侧为短边，因此开切眼侧和采场边界围岩应力集中程度大于南北两侧采空区边界。

当工作面推进长度为 250 m 和 300 m,推进长度大于工作面宽度时,开切眼侧边界围岩应力峰值依次为 40.6 MPa、41.0 MPa,采空区南侧围岩应力峰值依次为 42.4 MPa、45 MPa,开切眼侧为采空区短边、南侧为长边,围岩应力峰值由开切眼侧向南北侧边界转移。

由图 3-29 可知,随着推进长度的增加,开切眼侧围岩应力分布特征和应力峰值位置未发生改变,但应力逐渐增大而增幅逐渐减小,表明开切眼侧覆岩运动趋于稳定;工作面南北两侧采空区边界围岩应力峰值保持较大增长,应力峰值区整体随开采长度增加而逐渐转移,整体位于采空区边界中部。

(2)首采面回采过程中"多场"分布演化特征

① 采动应力分布演化规律

1802 工作面倾向宽 200 m,走向长达 4 100 m,工作面走向方向跨度大,各地层起伏变化,地质条件较为复杂,因此有必要对 1802 工作面回采过程中围岩应力、弹性能和塑性区的分布演化特征进行研究,图 3-30 为工作面回采过程围岩应力平面分布和剖面分布图。

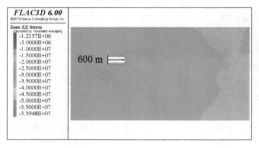

(a)推进 600 m 平面应力分布   (b)推进 600 m 剖面应力分布

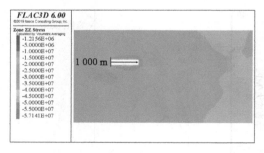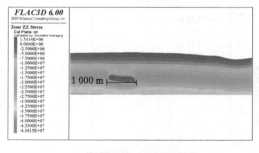

(c)推进 1 000 m 平面应力分布   (d)推进 1 000 m 剖面应力分布

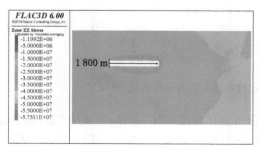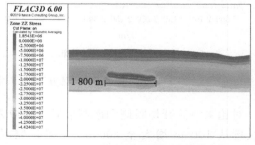

(e)推进 1 800 m 平面应力分布   (f)推进 1 800 m 剖面应力分布

图 3-30   1802 工作面回采过程围岩应力分布(剖面取自工作面中部 $Y = 2\,265$ m)

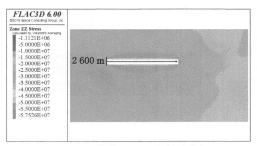
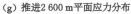

（g）推进 2 600 m 平面应力分布

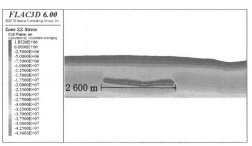

（h）推进 2 600 m 剖面应力分布

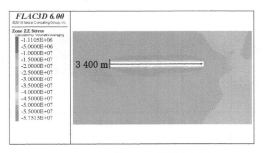

（i）推进 3 400 m 平面应力分布

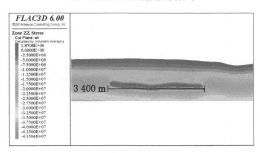

（j）推进 3 400 m 剖面应力分布

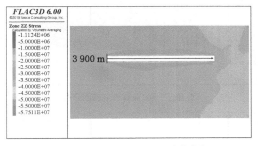

（k）推进 3 900 m 平面应力分布

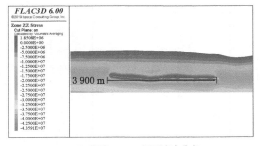

（l）推进 3 900 m 剖面应力分布

图 3-30（续）

分析图 3-30 可知,受盘区地应力分布影响,1802 工作面回采过程中,工作面超前支承压力峰值(不高于 45 MPa)整体小于工作面侧向支承压力峰值。从图中可以看出,Y＝2 265 m 剖面煤 8 层标高、工作面埋深、地表标高等沿 1802 工作面走向不断变化。工作面从 600 m 开采至 3 900 m 时,剖面应力峰值依次为 42.82 MPa、43.61 MPa、43.60 MPa、43.59 MPa、43.59 MPa,表明虽然工作面开采长度在不断增加,但在煤层埋深、与厚硬顶板之间的距离、黄土层厚度等地质因素影响下,采场前方支承压力峰值发生一定程度的波动但变化不明显。

② 弹性能分布演化规律

1802 工作面回采过程中围岩弹性能分布演化特征如图 3-31 所示。由弹性能分布平面图可知,随着工作面开采长度增大,1802 采空区边界围岩弹性能集中范围也逐渐增大,当工作面开采长度增大到一定程度时,1802 采空区边界围岩弹性能集中程度和集中范围趋于稳定。从弹性能分布剖面可知,模型中弹性能主要分布在煤 8 层及其附近的顶底板岩层中,弹性能峰值分布在 1802 采空区两端边界范围,随着工作面开采长度的增加围岩弹性能分布特征未有明显的变化。

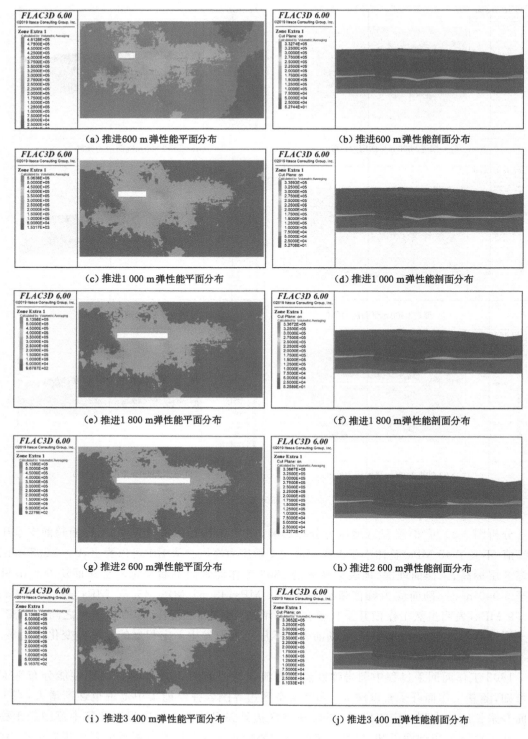

（a）推进600 m弹性能平面分布　　（b）推进600 m弹性能剖面分布

（c）推进1 000 m弹性能平面分布　　（d）推进1 000 m弹性能剖面分布

（e）推进1 800 m弹性能平面分布　　（f）推进1 800 m弹性能剖面分布

（g）推进2 600 m弹性能平面分布　　（h）推进2 600 m弹性能剖面分布

（i）推进3 400 m弹性能平面分布　　（j）推进3 400 m弹性能剖面分布

图 3-31　1802 工作面回采过程中围岩弹性能分布

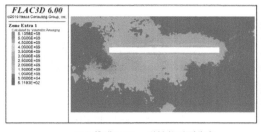

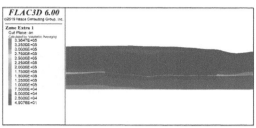

（k）推进3 900 m弹性能平面分布　　　　　　　（l）推进3 900 m弹性能剖面分布

图 3-31（续）

③ 塑性区分布演化规律

提取 1802 工作面推进过程中围岩塑性区分布,如图 3-32 所示。由塑性区平面分布图可知,随着工作面不断推进,1802 采空区两侧塑性区范围逐渐增大并趋于稳定,采空区侧向塑性区范围一般为 5～20 m。由塑性区分布剖面图可知,1802 采空区上下方围岩塑性区范围并不随着工作面推进呈现递增或者递减的规律。当工作面推进长度由推进 600 m 增大至推进 1 000 m、由推进 1 800 m 增大至推进 2 600 m 时,1802 采空区上方塑性区发育高度明显增大,分别由 36 m 增大至 54 m、由 21 m 增大至 90 m,但是由推进 2 600 m 增大至推进 3 400 m 和 3 900 m 时,采空区上方塑性区范围有所减小。结合煤层及其顶底板的地层分布以及工作面宽度的研究结果可知,塑性区范围主要集中分布在煤层上下方由单层厚度小于 10 m 岩层组成的复杂岩层组中,岩层组越厚塑性区越大,岩层组越薄塑性区越小。

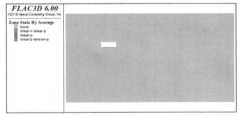

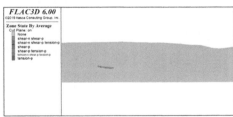

（a）推进600 m塑性区平面分布　　　　　　　（b）推进600 m塑性区剖面分布

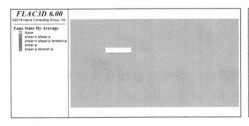

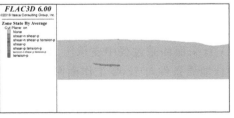

（c）推进1 000 m塑性区平面分布　　　　　　　（d）推进1 000 m塑性区剖面分布

图 3-32　1802 工作面回采过程中围岩塑性区分布

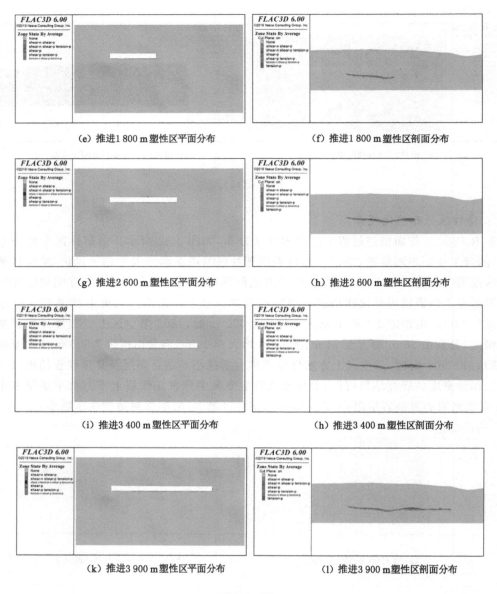

(e) 推进1 800 m塑性区平面分布　　　　　　(f) 推进1 800 m塑性区剖面分布

(g) 推进2 600 m塑性区平面分布　　　　　　(h) 推进2 600 m塑性区剖面分布

(i) 推进3 400 m塑性区平面分布　　　　　　(h) 推进3 400 m塑性区剖面分布

(k) 推进3 900 m塑性区平面分布　　　　　　(l) 推进3 900 m塑性区剖面分布

图 3-32(续)

（3）首采面回采过程中支承压力分布带特征

结合地质条件对 1802 工作面回采过程中围岩应力场和能量场分布演化特征进行进一步的分析研究。提取数值研究中回采长度依次为 100 m、150 m、200 m、250 m、300 m、600 m、1 000 m、1 400 m、1 800 m、2 200 m、2 600 m、3 000 m、3 600 m、3 850 m、3 900 m、3 950 m、4 000 m、4 050 m、4 100 m 时(初始开采至工作面回采结束)1802 工作面中部($Y＝2 265$ m)超前支承压力和弹性能分布曲线,如图 3-33 所示,各回采阶段应力和弹性能峰值及其超前距离统计,如表 3-2 所示。

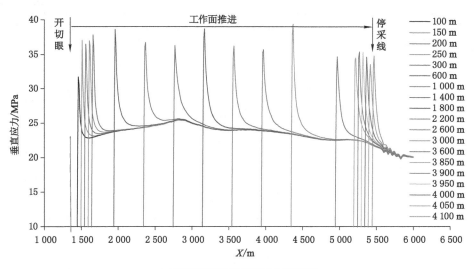

（a）工作面中部超前支承应力分布演化

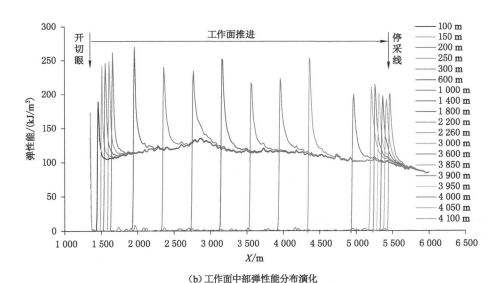

（b）工作面中部弹性能分布演化

图 3-33　1802 工作面回采过程中超前应力和能量分布演化特征

表 3-2　1802 工作面回采过程中超前支承压力和弹性能峰值统计

开采长度/m	应力峰值/MPa	应力峰值超前距离/m	弹性能峰值/(kJ/m³)	弹性能峰值超前距离/m
100	31.71	10	189.28	10
150	37.11	10	242.00	10
200	36.56	10	246.04	10
250	37.06	10	248.96	10

表 3-2(续)

开采长度/m	应力峰值/MPa	应力峰值超前距离/m	弹性能峰值/(kJ/m³)	弹性能峰值超前距离/m
300	37.88	10	261.44	10
600	38.62	10	269.36	10
1 000	36.80	20	240.44	10
1 400	36.38	20	234.96	20
1 800	38.75	20	252.51	10
2 200	36.28	20	217.06	10
2 600	35.79	20	223.55	10
3 000	39.40	20	253.05	10
3 600	34.75	20	200.21	20
3 850	34.58	20	210.89	10
3 900	35.48	20	214.72	10
3 950	35.42	20	202.11	20
4 000	34.70	20	197.47	20
4 050	33.62	20	192.03	20
4 100	34.88	20	201.04	20

分析图 3-33 和表 3-2 可知，1802 工作面回采初期，随着工作面开采长度的增大，工作面回采对上覆岩层的扰动逐渐增大，顶板岩层活动更为剧烈，围岩超前支承压力整体呈增大的规律。当 1802 工作面回采至"见方"后，工作面支承压力峰值分布较为稳定，开采长度的增大对超前支承压力峰值的影响逐渐减小。由统计分析可知，超前支承压力峰值和弹性能峰值，主要分布在超前工作面 10～20 m 的位置，支承压力峰值超前位置随着工作面回采宽度的增加由 10 m 逐渐增大至 20 m，对比煤层应力峰值和原岩应力大小，超前支承压力峰值大小在 31～40 MPa 之间，集中程度一般为 1.45～1.7；煤层弹性能峰值大小在 180～270 kJ/m³之间，集中程度为 1.7～2.5。

需注意的是，本次数值研究中，数值模拟模型尺寸大，模型网格尺寸整体较大，因此计算所得结果中支承压力超前影响范围与现场实际会存在一定偏差，通过分析超前支承压力曲线变化的曲率可知，超前支承压力影响范围一般为 150～200 m。

（4）首采面回采过程采动应力区域性特征

由采动前煤层原岩应力分布特征及影响因素分析结果可知，煤层埋深对原岩应力分布具有重要影响。工作面开采后围岩垂直应力与埋深等值线分布如图 3-34 所示。由图 3-34 可知，工作面开采后，受采空区结构影响上覆岩层应力重新分布，垂直应力向采空区边界实体煤侧转移并形成侧向支承压力和超前支承压力，侧向支承压力影响范围一般为 200～250 m，超前支承压力影响范围一般为 150～200 m。由图 3-34 可知，沿走向 1802 采空区两侧集中应力峰值、集中程度分布不均匀,垂直应力峰值沿走向主要呈现出"高峰值-峰值-高峰值-峰值-高峰值-峰值"的变化特征。依据采空区两侧围岩应力变化规律,依次划分出位于开切眼附近的"高应力峰值区 1"、靠近工作面走向中部的"高应力峰值区 2"、位于工作面后半段的"高应力峰值区 3"。开切眼附近高应力峰值区 1 范围内围岩应力峰值最大(最高约61 MPa),距离开切眼 50～650 m,高应力峰值区 2 距离开切眼 1 390～2 050 m,高应力峰值区 3 距离停采线 490～1 340 m,高应力峰值区 2 的峰值应力大于高应力峰值区 3。但对比煤层埋深等值线可知,高应力峰值区 2 所在区域埋深最大,高应力峰值区 1 的埋深小于高应力峰值区 3 的埋深,且高应力峰值区之间的采空区边界亦出现明显的应力变化。

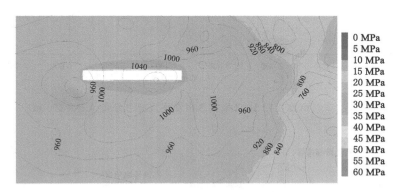

(a)1802工作面推进2 000 m

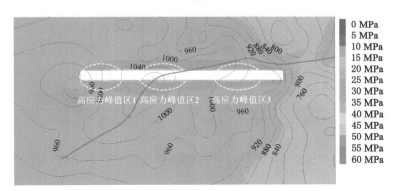

(b)1802工作面推进4 100 m

注:黑色带数字标记的曲线为煤 8 层埋深等值线,彩色充填为煤 8 层应力分布云图。

图 3-34　1802 工作面开采后围岩垂直应力分布特征

　　提取 1802 采空区南侧边界 $Y=2$ 160 m 处煤层垂直应力和弹性能分布特征,如图 3-35 和图 3-36 所示。1802 工作面开采结束后 $Y=2$ 160 m 采空区边界围岩弹性能重新分布,弹性能分布与围岩应力分布基本一致,依据弹性能集中峰值,可划分出类似侧向支承压力峰值区的"高能量峰值区 1""高能量峰值区 2""高能量峰值区 3",高应力峰值区与高能量峰值区基本重合。

　　(5)首采面回采过程"多场"分布影响因素

　　截取 1802 工作面采空区两侧边界($Y=2$ 160 m 和 $Y=2$ 370 m)剖面地层、围岩应力和

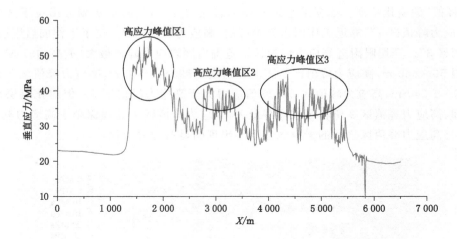

图 3-35　200 m 宽度时 1802 采空区南侧垂直应力分布（$Y=2\ 160$ m）

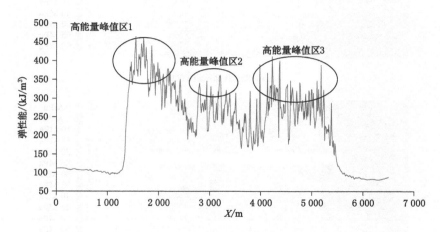

图 3-36　200 m 宽度时 1802 采空区南侧弹性能分布（$Y=2\ 160$ m）

弹性能密度分布，如图 3-37、图 3-38 所示。分析可知，沿煤层走向延伸，煤层标高、煤层与上覆第一层厚度超 10 m 的砂岩间的距离等都具有较大变化，围岩应力分布特征与图 3-34 所示应力分布特征基本一致。自开切眼开始，1802 工作面赋存海拔先减小后增大，最终趋于平缓；工作面与煤层上方厚硬砂岩的距离亦有较大变化，呈"较小-增大-减小-增大-较小"的规律。对比应力分布云图和地层赋存特征可知，高应力峰值区域煤层与厚砂岩的距离较小，应力峰值较低区域煤层距厚硬砂岩较远。

为进一步分析高应力峰值区和高能量峰值区形成的主导因素，提取 $Y=2\ 160$ m 剖面地表标高、煤 8 层标高、煤 8 层埋深、厚度超 10 m 的砂岩层标高等地质参数，如图 3-39 所示。由 $Y=2\ 160$ m 处地表标高可知，$X=0\sim6\ 500$ m 范围内，模型地表标高变化相对平缓，先缓慢增大后逐渐减小，未出现地表标高急剧增大或减小现象，因此可知地表标高不是 1802 工作面采空区边界形成高应力峰值区的主要影响因素。分析煤 8 层埋深可知，峰值区 1 所在区域煤 8 层埋深较小，由峰值区 1 过渡至峰值区 2，煤 8 层埋深呈现递增趋势，但集中应力

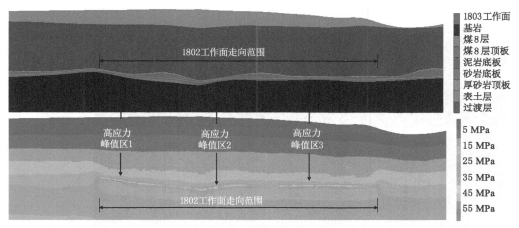

(a) Y=2 160 m处剖面地层和应力分布（南侧采空区边界）

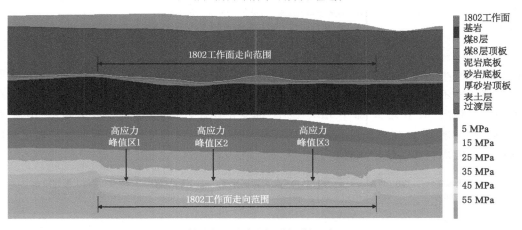

(b) Y=2 370 m处剖面地层和应力分布（北侧采空区边界）

图 3-37 200m 宽度时 1802 采空区边界围岩地层和应力分布

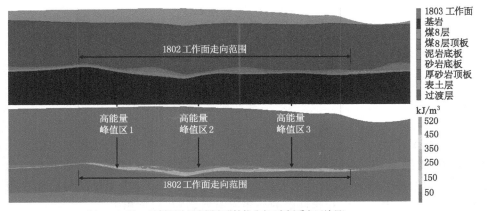

(a) Y=2 160 m处剖面地层和围岩弹性能分布（南侧采空区边界）

图 3-38 200 m 宽度时 1802 采空区南侧边界围岩地层和弹性能分布

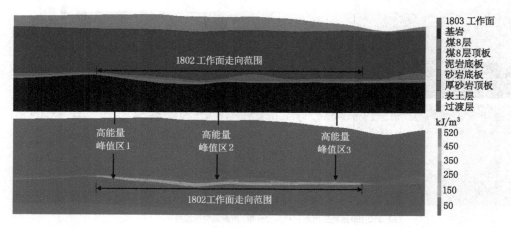

（b）$Y=2\,370\,\mathrm{m}$处剖面地层和围岩弹性能分布（北侧采空区边界）

图 3-38（续）

峰值呈现先减小后增大的规律,煤层埋深变化规律与集中应力峰值变化规律并不一致,表明煤 8 层埋深亦不是集中应力峰值分布的主要影响因素。煤 8 层与上覆超 10 m 厚的砂岩层间的距离呈现出"减小-增大-减小-增大-减小"的变化规律,与采空区边界应力峰值"增大-减小-增大-减小-增大"的规律相反,表明侧向支承压力高峰值区和弹性能高峰值区与煤层和厚硬顶板间的距离存在一定相关性。

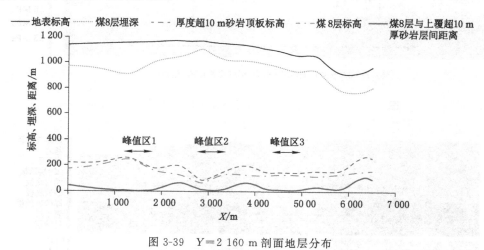

图 3-39 $Y=2\,160\,\mathrm{m}$ 剖面地层分布

进一步分析 $Y=2\,160\,\mathrm{m}$ 剖面煤层和厚硬顶板间的距离对采空区边界围岩应力和弹性能分布的影响,得图 3-40。分析可知,整体而言,采空区边界围岩应力和弹性能峰值随着煤层与厚硬顶板间的距离增大而减小,随着层间距减小而增大。这表明煤层与厚硬顶板之间的距离对采空区边界围岩应力和弹性能的分布有重要影响,呈负相关。

此外,对比 1802 工作面回采过程中超前支承压力和弹性能分布演化规律可知,应力峰值和能量峰值并不随着开采长度增大而增大,整体呈现"增-减-增-减-增"的变化趋势。提取

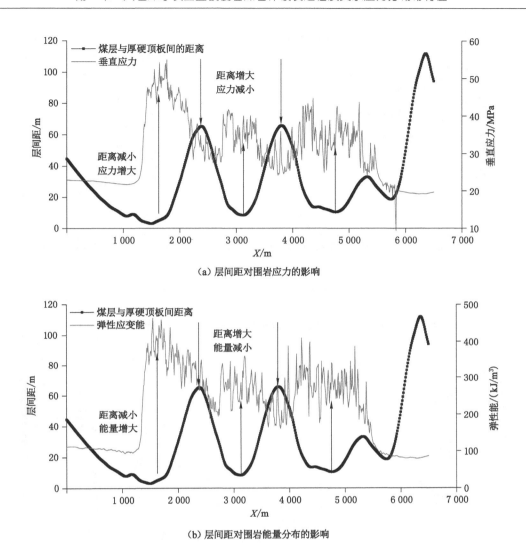

（a）层间距对围岩应力的影响

（b）层间距对围岩能量分布的影响

图 3-40　煤层与厚硬顶板间距离对围岩应力和能量分布的影响

1802 工作面回采过程中 $Y=2\,260$ m 剖面各地层分布,如图 3-41 所示。从图中可知,工作面中部上方的地表标高、黄土层厚度、煤层标高和埋深都存在一定变化,对工作面超前支承压力分布都具有一定影响。

依据前文分析可知,在多种地质影响因素中,工作面围岩应力的统计分析表明,煤 8 层与厚硬顶板之间的距离对工作面回采过程中围岩应力的影响更大。1802 工作面中部煤 8 层与厚硬顶板之间的距离分布如图 3-42 所示。分析可知,工作面回采过程中,超前支承压力峰值和弹性能峰值距煤 8 层和厚硬顶板之间的距离具有一定的相关性,整体而言,煤 8 层与厚硬顶板之间的距离减小,则工作面超前支承压力峰值和弹性能峰值增大,距离增大则超前支承压力峰值和弹性能峰值减小,煤 8 层和厚硬顶板间的距离与围岩应力集中程度呈反比。

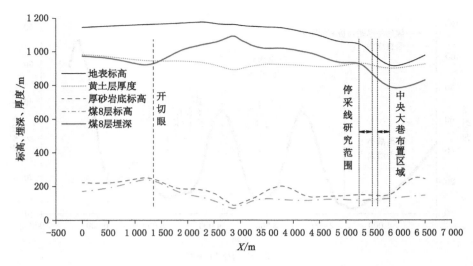

图 3-41 1802 工作面中部 Y＝2 260 m 剖面的主要地层分布

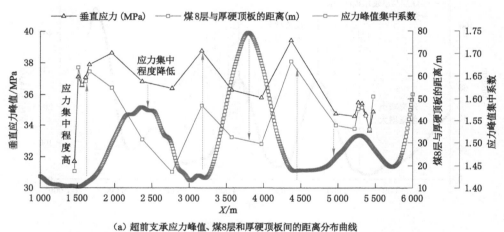

（a）超前支承应力峰值、煤8层和厚硬顶板间的距离分布曲线

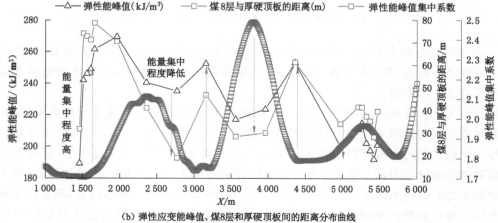

（b）弹性应变能峰值、煤8层和厚硬顶板间的距离分布曲线

图 3-42 支承压力和弹性能峰值随煤 8 层和厚硬顶板间的距离分布曲线

由分析又可知,当 1802 工作面回采长度为 3 900～4 100 m 时,受工作面上方地表标高降低、埋深减小的影响,围岩应力和弹性能峰值整体小于开采其他区域的峰值,该长度范围内,煤层埋深是影响工作面超前支承压力分布的主要地质因素,埋深越小围岩应力和弹性能峰值越小。

3.2.4　接续工作面回采"多场"演化规律

（1）接续工作面回采采动应力分布演化规律

依据矿井一盘区工作面接续计划,基于 1802 工作面推进结果,依次模拟推进 1803、1805、1807 工作面,各工作面分 3 步推进,以此分析研究盘区推进过程中围岩应力分布演化特征,以及多个工作面回采作业对盘区中央大巷的影响。1803、1805、1807 工作面回采过程中,煤 8 层应力分布演化如图 3-43 所示,图中等值线为煤 8 层与上方坚硬顶板的距离。

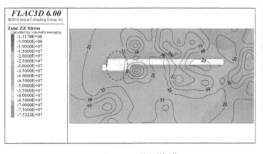

（a）1803工作面推进1 000 m

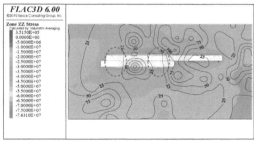

（b）1803工作面推进2 600 m

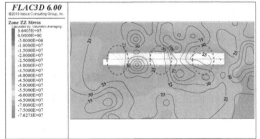

（c）1803工作面推进4 300 m

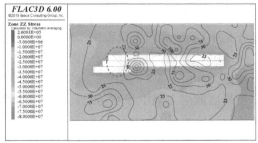

（d）1805工作面推进1 330 m

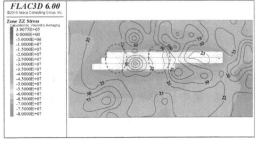

（e）1805工作面推进2 930 m

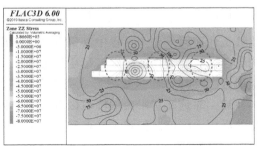

（f）1805工作面推进4 630 m

图 3-43　接续工作面回采过程垂直应力分布演化

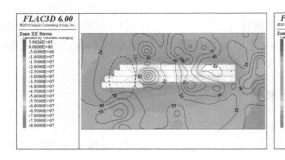
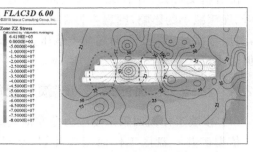

（g）1807工作面推进1 430 m　　　　　　（h）1807工作面推进3 030 m

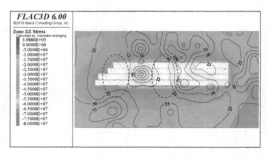

（i）1807工作面推进4 730 m

图 3-43（续）

　　分析图 3-43 开切眼处围岩应力分布可知，各工作面开切眼逐渐向煤层边界靠近，不同工作面开切眼不对齐，形成外错布置的空间布局。1802、1803 和 1805 工作面开切眼区域应力显著集中，接续面开采过程中 1802 开切眼区域应力峰值依次为 78.42 MPa、97.35 MPa、108.05 MPa，1803 开切眼区域应力峰值依次为 85.77 MPa、105.97 MPa，1805 开切眼区域应力峰值为 90.28 MPa。上述区域为煤层应力集中程度最高的区域，工作面开采数量越多则开切眼区域应力集中程度越大。同时可以发现，工作面之间的 5 m 宽区段煤柱围岩应力整体处于较低水平，整体不高于 10 MPa，表明工作面区段煤柱已发生塑性破坏，这对冲击地压防治有利。各工作面回采结束后煤层采动应力峰值依次为：56.08 MPa、78.42 MPa、97.35 MPa、108.05 MPa，集中程度由 2.46 增加至 5.06。

　　分析图 3-43 接续工作面采空区边界围岩应力分布特征可知，一盘区 1803、1805、1807 等接续工作面回采作业过程中其采空区边界出现了与 1802 工作面采空区边界类似的高应力峰值区。高应力峰值集中区域主要分布在采空区开切眼附近、采空区走向边界中部和停采线附近。1803 采空区边界形成高应力峰值区的空间位置和分布特征与 1802 采空区边界基本一致。靠近开切眼侧的峰值区应力集中程度最高、集中范围最大，采空区中部也出现了明显的高应力峰值区但集中程度和范围略小，而工作面停采线侧的高应力峰值区围岩应力和集中程度最低。与 1803 采空区中部相比，1805 采空区中部的高应力峰值区应力集中范围和集中程度有一定增加，但工作面停采线侧高应力峰值区围岩应力峰值无明显增大。1807 工作面开采结束后，其实体煤侧采空区边界仅在开切眼附近、采空区中部出现高应力峰值区域，停采线侧无高应力峰值区。

开切眼处高应力峰值区集中程度最高,采空区中部峰值应力区集中程度次之,靠近停采线侧高应力峰值区集中程度最低。随着工作面开采数量的增加,侧向支承压力峰值距采空区边界的距离也逐渐增大,沿采空区边界走向方向侧向支承压力峰值点距采空区边界的距离也不一致。

首采工作面和各接续工作面回采结束后模型中部 $X=3\,230$ m 处剖面围岩应力分布如图 3-44 所示。由图可知,采空区边界侧向支承压力整体随着煤 8 层一盘区沿倾向的开采宽度增大而增大,应力峰值依次为 49.51 MPa、67.45 MPa、76.80 MPa、73.97 MPa,采空区上方采动影响范围分别约为 400 m、600 m、800 m、900 m。各工作面回采过程中超前支承压力和侧向支承压力分布如图 3-45 所示,可知采动应力影响范围由 250 m 增加至 500 m。

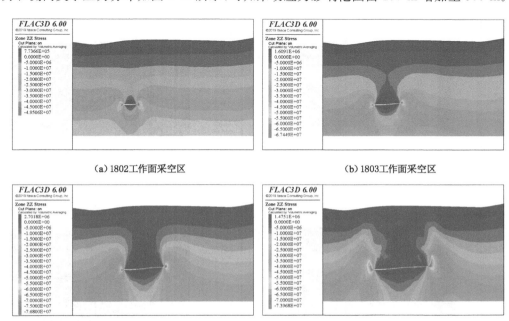

（a）1802工作面采空区　　　　　　　　　（b）1803工作面采空区

（c）1805工作面采空区　　　　　　　　　（d）1807工作面采空区

图 3-44　采空区中部垂直应力分布特征($X=3230$ m)

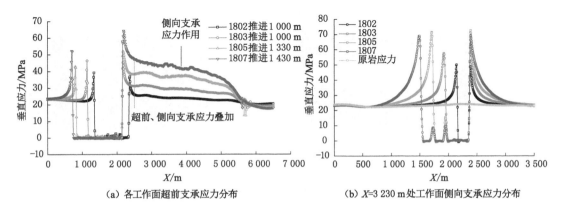

（a）各工作面超前支承应力分布　　　　　　（b）$X=3\,230$ m 处工作面侧向支承应力分布

图 3-45　工作面回采过程中采动应力分布演化特征

（2）接续工作面回采弹性能分布演化规律

首采工作面和各接续工作面回采结束后围岩弹性能分布如图 3-46、图 3-47 所示。可以看出，首采面开采时弹性能集中范围可达 150～200 m，集中程度可达 4.69；随工作面开采数量的增加，工作面周边围岩的弹性能集中程度进一步增大，弹性能集中范围在平面上进一步向周边围岩发展，而在剖面上则进一步向煤层上方顶板发展，弹性能集中区主要分布于工作面侧向的煤体中，并随回采工作面的增多而逐渐向煤层上方顶板发展，这意味着接续面在回采过程中将面临更高的弹性能集中程度，并且集中区以工作面临空侧为主。各工作面回采结束后煤层弹性能峰值依次为：485.39 kJ/m³、986.44 kJ/m³、1 524.02 kJ/m³、1 888.05 kJ/m³，集中程度由 4.69 增加至 19.73，采动应力影响范围由 200 m 增加至 400 m。

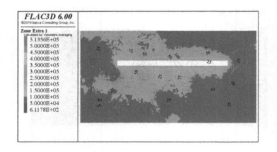

（a）1802采空区（平面）

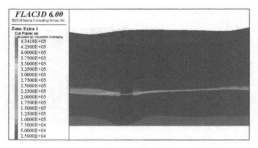

（b）1802采空区（剖面）

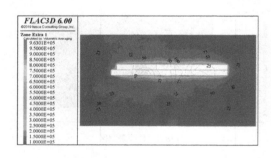

（c）1803采空区（平面）

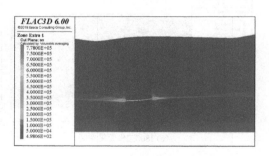

（d）1803采空区（剖面）

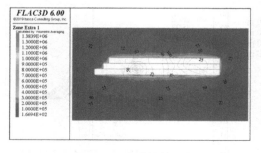

（e）1805采空区（平面）

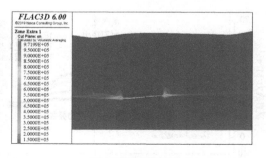

（f）1805采空区（剖面）

图 3-46　采空区弹性能分布特征（剖面取自 $X=3\ 230$ m）

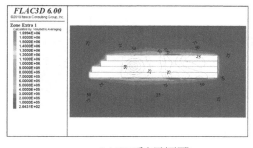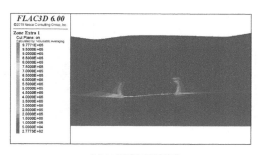

（g）1807采空区（平面）　　　　　　（h）1807采空区（剖面）

图 3-46（续）

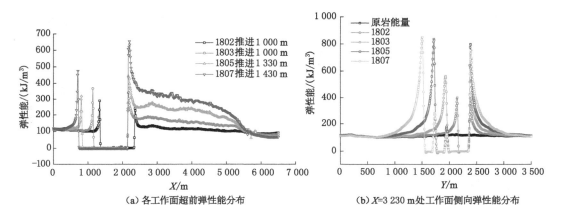

（a）各工作面超前弹性能分布　　　　　（b）X=3 230 m处工作面侧向弹性能分布

图 3-47　工作面回采过程中弹性能分布演化特征

（3）接续工作面回采塑性区分布演化规律

首采工作面和各接续工作面回采结束后采空区围岩塑性区分布如图 3-48 所示。由采空区边界围岩塑性区平面分布可知,采空区两侧的塑性区随着工作面开采数量的增加而逐渐增大,1802 工作面开采结束后采空区两侧塑性区宽度一般为 5～20 m,1807 工作面开采结束后塑性区宽度增大至 5～70 m。结合图 3-43 可知,采空区边界塑性区越宽,侧向支承压力越向深处转移。结合图 3-44 和采空区塑性区剖面分布图可知,随着煤 8 层一盘区开采宽度的增加,上覆岩层发生更大范围的破断,采空区两侧边界围岩塑性区也逐渐向其正上方扩展、发育。1807 工作面回采结束后,采空区上方覆岩塑性区范围扩展至地表,表明此时已经达到充分采动。

（4）接续工作面回采"多场"分布影响因素

依据前文分析可知,煤 8 层和其上方第一层厚度大于 10 m 的砂岩层之间的距离对工作面采空区边界围岩形成的高应力峰值区有重要影响,呈负相关关系。统计 1802、1803、1805、1807 工作面分布以及煤 8 层和厚度超 10 m 的砂岩层之间的距离,如图 3-49 所示。

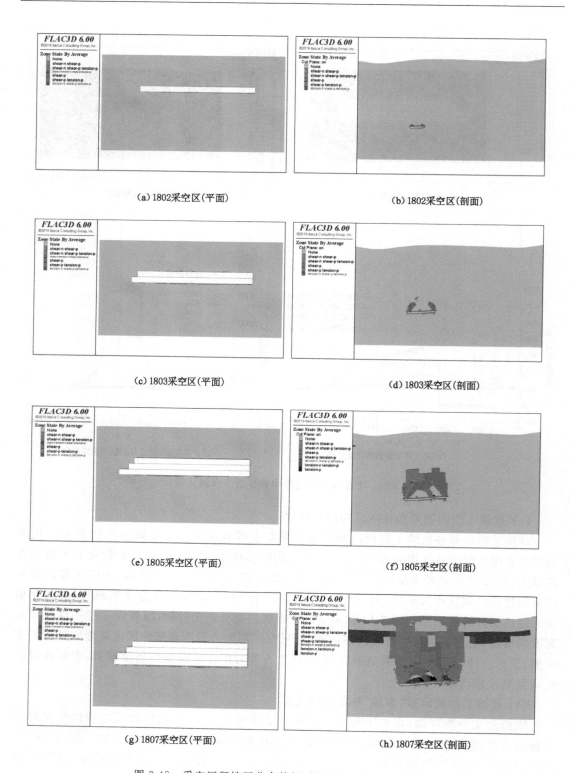

图 3-48 采空区塑性区分布特征(剖面取自 $X=3\ 230$ m)

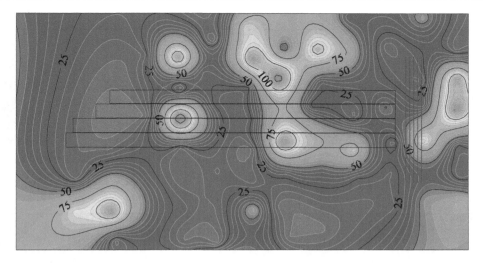

图 3-49　超 10 m 厚的砂岩顶板与煤层之间的距离云图

分析图 3-43 和图 3-46 可知,高应力峰值区和高能量峰值区主要分布在采空区开切眼附近、采空区中部、1802 和 1803 采空区靠近停采线的区域。对比图 3-49 可发现,上述区域内煤层与厚砂岩的距离较小,大都小于 25 m,表明当煤层与厚砂岩顶板距离较小时,工作面回采过程中易形成高应力峰值区和高能量峰值区。

3.2.5　大巷保护煤柱合理尺寸研究

(1) 首采面停采线布置对中央大巷的影响

依据矿井工作面接续和盘区中央大巷布置,1802 工作面设计停采线与盘区中央大巷水平距离为 150 m。由新庄煤矿《庆阳新庄煤业有限公司新庄煤矿煤 8 层冲击危险性评价》可知,工作面回采对中央大巷具有一定影响。因此有必要进一步研究工作面回采过程中中央大巷围岩应力、位移、能量的分布演化特征。

模拟研究 1802 工作面开采长度分别为 3 900 m、3 950 m、4 000 m、4 050 m、4 100 m(设计开采长度)、4 150 m,对应保护煤柱宽度为依次为 350 m、300 m、250 m、200 m、150 m(设计煤柱宽度)、100 m 时围岩应力场、能量场、位移场的分布演化。1802 工作面中部 $Y=$ 2 260 m 剖面地层主要分布如图 3-41 所示,1802 工作面中部剖面停采线超前支承压力和中央大巷应力分布特征如图 3-50 所示。

分析图 3-50 可知,随着工作面开采长度的增加、中央大巷保护煤柱宽度的减小,工作面停采线超前支承压力集中程度略微降低,超前支承压力分布范围未发生明显变化;中央大巷围岩应力分布特征变化不明显,应力集中峰值有所增加。

图 3-51 为大巷保护煤柱宽度为依次为 350 m、300 m、250 m、200 m、150 m(设计煤柱宽度)、100 m 时围岩弹性能分布。从弹性能分布平面图来看,随着 1802 工作面不断向前推进,中央大巷保护煤柱宽度减小,工作面停采线超前范围的弹性能集中程度和集中范围整体变化较小,但弹性能集中范围逐渐靠近中央大巷,导致中央大巷围岩的弹性能集中程度和集中范围有所增大。从弹性能分布剖面图来看,随着 1802 工作面向前开挖,工作面停采线前方围岩弹性能密度呈现出先增后减的分布规律,但是整体变化幅度较小,而中央大巷围岩的

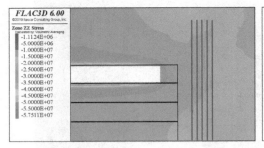
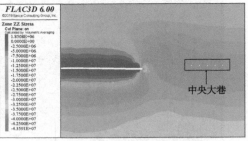

（a）工作面推进3 900 m平面图　　　　　　（b）工作面推进3 900 m剖面图

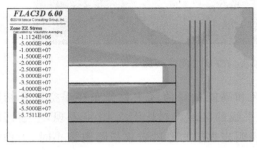
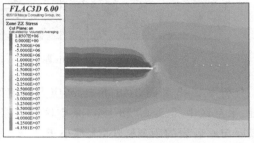

（c）工作面推进3 950 m平面图　　　　　　（d）工作面推进3 950 m剖面图

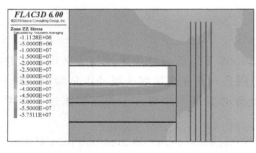
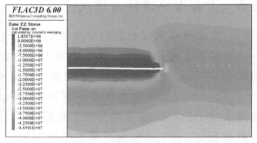

（e）工作面推进4 000 m平面图　　　　　　（f）工作面推进4 000 m剖面图

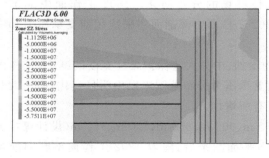
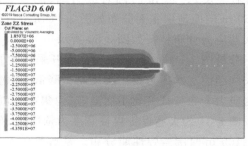

（g）工作面推进4 050 m平面图　　　　　　（h）工作面推进4 050 m剖面图

图 3-50　1802 工作面不同停采线布置围岩应力分布

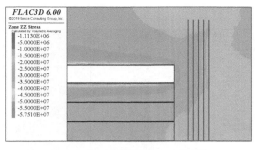

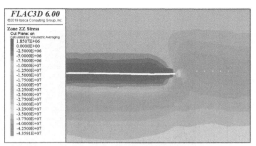

（i）工作面推进4 100 m平面图　　　　　　（j）工作面推进4 100 m剖面图

图 3-50（续）

弹性能集中范围和集中程度有明显增加；弹性能集中区域主要分布于煤 8 层及其邻近的顶底板岩层，更高位和更低位的顶底板岩层中弹性能积聚较少，这与应力集中程度的分布规律具有较大差异。

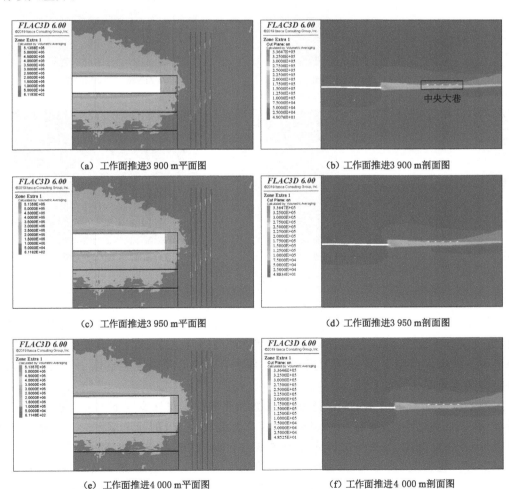

（a）工作面推进3 900 m平面图　　　　　　（b）工作面推进3 900 m剖面图

（c）工作面推进3 950 m平面图　　　　　　（d）工作面推进3 950 m剖面图

（e）工作面推进4 000 m平面图　　　　　　（f）工作面推进4 000 m剖面图

图 3-51　1802 工作面不同停采线布置围岩弹性能分布

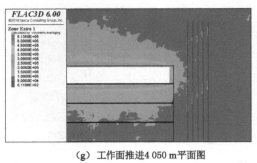
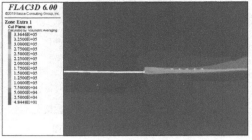

（g）工作面推进4 050 m平面图　　　　　（h）工作面推进4 050 m剖面图

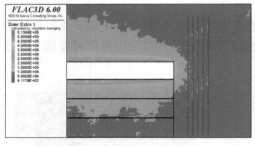
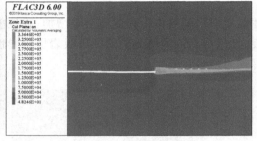

（i）工作面推进4 100 m平面图　　　　　（j）工作面推进4 100 m剖面图

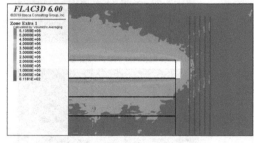

（k）工作面推进4 150 m平面图　　　　　（l）工作面推进4 150 m剖面图

图 3-51（续）

对比图 3-41 可知，工作面里程 3 900～4 150 m 范围内以及中央大巷上方地表标高逐渐降低，黄土层厚度减小，煤 8 层埋深减小，工作面和中央大巷围岩原岩应力发生较大改变，在复杂地质条件综合作用下，停采线附近和中央大巷围岩应力和弹性能整体小于其他开采区域且应力和能量变化波动较小。

为进一步分析 1802 工作面不同停采线位置和不同保护煤柱宽度下中央大巷围岩应力、能量、位移分布演化特征，提取 $Y=2$ 265 m（工作面走向中部）剖面上 $Z=133$ m（中央大巷所在层位）各参量变化，如图 3-52 所示。分析图 3-52(a)、(c)、(e)可知，随着 1802 工作面停采线向中央大巷靠近，当 1802 工作面开采长度为 3 850 m 时（煤柱宽 400 m），盘区中央大巷已经处于 1802 工作面超前影响范围内，中央大巷围岩垂直应力、弹性能密度高于巷道掘进后，应力增大了 0.28 MPa，增幅 1.28%，能量增大了 1.49 kJ/m³，增幅 1.88%，应力和能量增幅很小,水平位移无明显变化,表明保护煤柱宽度为 400 m 时,工作面开采对中央大巷的影响很小。

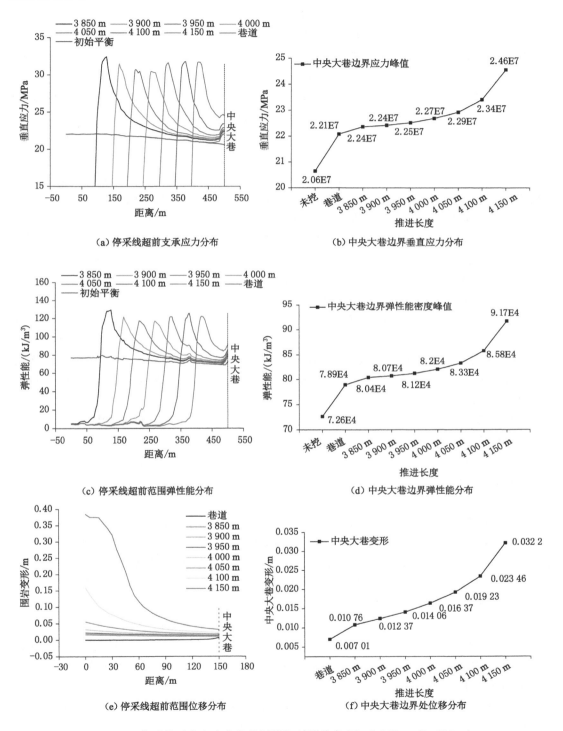

图 3-52　停采线至中央大巷边界围岩"三场"分布($Y = 2\ 265$ m、$Z = 133$ m)

1802 工作面开采长度为从 3 850 m 依次增大至 4 150 m 时,中央大巷围岩应力、能量及位移逐渐增大,较中央大巷掘进后,围岩应力依次增大了 0.28 MPa(1.28%)、0.34 MPa(1.54%)、0.44 MPa(2.00%)、0.61 MPa(2.75%)、0.85 MPa(3.83%)、1.33 MPa(6.04%)、2.48 MPa(11.25%);能量依次增加了 1.49 kJ/m³(1.88%)、1.79 kJ/m³(2.27%)、2.31 kJ/m³(2.92%)、3.12 kJ/m³(3.96%)、4.37 kJ/m³(5.54%)、6.93 kJ/m³(8.78%)、12.82 kJ/m³(16.24%);中央大巷水平位移以类指数函数的形式增大。

随着工作面开采长度的增加、大巷保护煤柱宽度的减小,中央大巷围岩应力和能量以增幅加速增大的形式增大,当煤柱宽度大于 300 m 时,应力和能量随煤柱宽度的减小而小幅增加;当煤柱宽度从 250 m 开始继续减小时,应力和能量的增幅开始显著增大,如 250 m、200 m、150 m、100 m 宽煤柱与 300 m 宽煤柱相比,应力的增加幅度分别为 0.75%、1.83%、4.04%、9.25%,能量的增加幅度分别为 1.04%、2.62%、5.86%、9.9%,这表明当保护煤柱宽度由 250 m 继续减小时,1802 首采面开采将对中央大巷造成较大影响。

(2)接续工作面回采对中央大巷的影响

随着接续工作面的不断开采,盘区采空区宽度不断增大,上覆顶板岩层活动空间范围更大,覆岩活动更频繁、能量释放更剧烈,上覆岩层向采空边界传递应力更大、更为集中,煤 8 层一盘区停采线采空边界对中央大巷的影响也随之增大。

依次提取盘区 1803、1805、1807 工作面回采结束后采空区中部($Y=2\,265$ m、2 157.5 m、2 050 m、1 942.5 m)停采线超前支承压力和弹性能分布特征,如图 3-53(a)和(b)所示。随着 1803、1805、1807 接续面接连开采,停采线前方围岩应力峰值区和弹性能峰值区不断增大,应力峰值依次为 31.83 MPa、43.13 MPa、50.39 MPa、58.46 MPa,弹性能峰值依次为 101.73 kJ/m³、203.99 kJ/m³、269.82 kJ/m³、371.18 kJ/m³,且随着采空区宽度增大,围岩应力和弹性能峰值区也朝向中央大巷方向迁移。

由图 3-53(a)和(b)可知,中央大巷边界处应力依次为 23.41 MPa、26.19 MPa、28.10 MPa、39.30 MPa,弹性能依次为 83.96 kJ/m³、101.84 kJ/m³、131.12 kJ/m³、185.70 kJ/m³,中央大巷边界的水平位移依次为 0.01 m、0.06 m、0.13 m、0.16 m。与首采面 1802 回采后对大巷造成的影响相比,后续 1803、1805 和 1807 工作面回采使大巷的应力分别增加了 4.11 MPa(18.61%)、6.02 MPa(27.26%)和 17.22 MPa(77.99%),能量分别增加了 24.81 kJ/m³(32.21%)、54.09 kJ/m³(70.22%)和 108.67 kJ/m³(141.07%),大巷位移分别增加了 5 倍、12 倍和 15 倍。可见,受接续工作面接连开采的影响,中央大巷围岩应力、弹性能、巷道水平位移都以较大的幅度增加,中央大巷的围岩稳定性降低。这表明在现有 150 m 宽度的保护煤柱下,接续工作面开采将对盘区中央大巷围岩稳定性造成较大影响,开采工作面的数量越多,影响程度越高。

(3)大巷保护煤柱合理宽度确定

综上分析,通过对比不同保护煤柱宽度下围岩应力、能量及巷道变形等的分布演化特征可知,当中央大巷保护煤柱宽度大于 300 m 时,首采面开采对中央大巷围岩稳定性虽存在一定影响,但影响较小;当保护煤柱宽度逐小于 250 m 时,首采面开采对中央大巷围岩稳定性的影响快速增大,该影响明显大于煤柱宽度为 300～400 m 时的影响。结合接续工作面回采对中央大巷的影响分析可知,与首采面回采相比,后续工作面回采将进一步对中央大巷产生较大影响,一盘区实际为两翼开采,预测可知实际开采时对中央大巷的影响将比模拟结果更大。由矿井设计可知,中央大巷位于煤 8 层内,服务于整个盘区乃至整个矿井,服务周

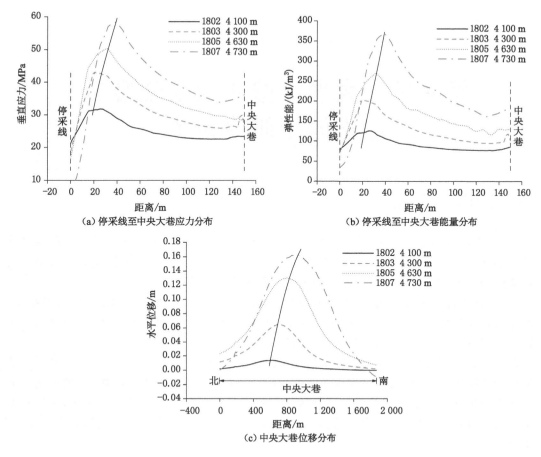

（a）停采线至中央大巷应力分布　　（b）停采线至中央大巷能量分布

（c）中央大巷位移分布

图 3-53　各工作面接续回采对中央大巷"三场"分布演化的影响

期很长,且属于大埋深开采,因此必须保证其有足够的稳定性,建议中央大巷保护煤柱宽度的留设不小于 250 m。

第4章　大埋深厚表土坚硬覆岩冲击地压防治技术

4.1　掘进工作面防冲方案

《防治煤矿冲击地压细则》第五十六条规定，冲击地压矿井必须采取区域和局部相结合的防冲措施。在矿井设计、采（盘）区设计阶段应当先行采取区域防冲措施；对已形成的采掘工作面应当在实施区域防冲措施的基础上及时跟进局部防冲措施。

《防治煤矿冲击地压细则》第六十七条规定，冲击地压矿井应当在采取区域措施基础上，选择煤层钻孔卸压、煤层爆破卸压、煤层注水、顶板爆破预裂、顶板水力致裂、底板钻孔或爆破卸压等至少一种有针对性、有效的局部防冲措施。

在巷道正常掘进期间，应根据冲击地压冲击危险区域划分，对有冲击危险的区域采取适当的预处理措施，并及时利用冲击地压监测手段对其进行监测，检验治理效果，确保措施起到降低甚至消除冲击危险的目的。同时对于监测到有异常矿压显现的掘进区域，如果检测到钻屑量超过临界指标，或出现卡钻、顶钻等动力现象，或者在线监测到应力异常区域时，有必要采取及时解危措施。

4.1.1　冲击危险区预卸压措施

（1）大直径钻孔预卸压

大直径钻孔卸压一般用于掘进迎头超前预防性卸压和工作面巷道两帮卸压，通过施工卸压钻孔，降低煤岩体应力集中程度，卸压原理如图 4-1 所示。该方法应作为新庄煤矿煤 8 层掘进工作面预卸压及重点区域解危防治的首要选择。

由图 4-1 可知，顶板岩层作用在煤体上，工作面前方煤体上的压力可用曲线 σ_z 表示。而 σ_k 表示发生冲击地压的极限应力值，即煤层的应力达到该值时将会发生冲击地压。从煤壁开始，煤层上覆的应力达到了最大值 σ_{zmax}，而该值接近于极限应力值，说明冲击地压危险性很大。这种情况下，采用直径 $d=2r$，长 l 的钻孔，钻孔中部受挤压的长度为 a，结果使钻孔煤体的压力降为 σ_{sc}。应力 σ_z 越高，钻孔受挤压移动的程度就越大。在支承压力区域内，用大直径钻头钻孔，降低其应力值，而钻孔局部范围出现小的应力集中 σ_z'，当该应力 σ_z' 超过钻孔壁的强度时，随着时间推移，钻孔间煤体风化与压裂，结果在每个钻孔周围直径为 D 的范围内卸压。因此，在布置钻孔时，其间距 S 至少等于 D。这样，在一定范围内，应力降低。应力最高点 G_{zmax}'' 距煤壁的距离移至 b''。应注意，钻孔形成的卸压带使煤体松动，不能聚集弹性能以及形成永久屈服变形。

①迎头大直径钻孔预卸压

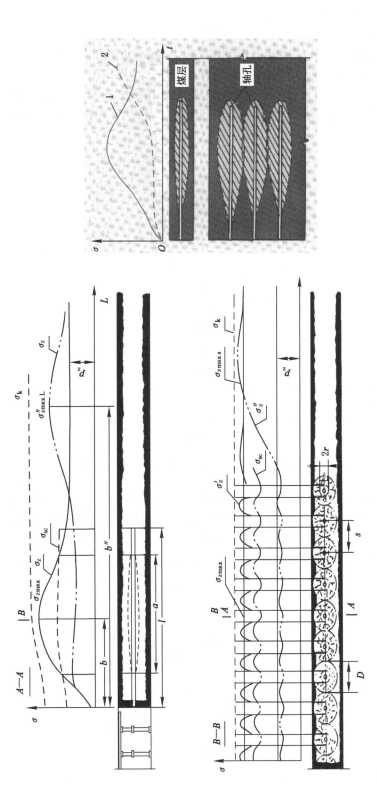

图4-1　大直径卸压钻孔对煤体应力的影响

新庄煤矿煤 8 层工作面掘进期间掘进迎头钻孔预卸压技术参数,应按照冲击危险区域划分的不同等级选择。不同等级冲击危险区域的卸压参数具体如下:

当监测到掘进巷道迎头处于强冲击危险区域时,应在巷道迎头施工 3 个大直径钻孔(呈"三花"布置),相邻钻孔孔距为 0.8～1.2 m,孔深 50 m,孔径不小于 150 mm,位于最下侧的钻孔距巷道底板 1.2～1.5 m。工作面迎头卸压钻孔必须保证保护带深度不小于 10 m,实际钻孔施工参数可根据工作面实际情况进行优化调整。此时大直径钻孔布置设计如图 4-2 所示。

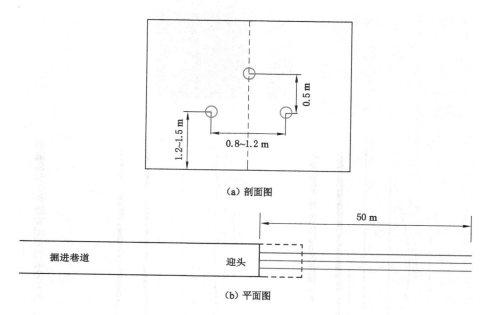

图 4-2　强冲击危险区域巷道迎头大直径钻孔布置示意图

巷道掘进迎头处于中等及弱冲击危险区域时,应在巷道迎头施工两个大直径钻孔,孔深 50 m,按巷道中心线对称布置,相邻钻孔孔距为 0.8～1.2 m,孔径不小于 150 mm,距巷道底板 1.2～1.5 m。工作面迎头卸压钻孔必须保证保护带深度不得小于 10 m,实际钻孔施工参数可根据工作面实际情况进行优化调整。此时大直径钻孔布置设计如图 4-3 所示。

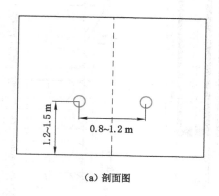

图 4-3　中等及弱冲击危险区域巷道迎头大直径钻孔布置示意图

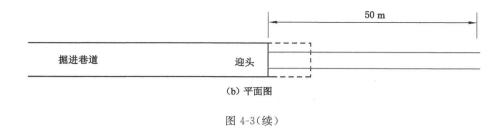

（b）平面图

图 4-3（续）

掘进迎头遇褶曲等煤层变化区域时,应适当调整钻孔深度,以免打至岩层中弱化卸压效果;同时钻孔深度还应与掘进速度相匹配,掘进速度较低时适当缩短迎头钻孔深度。

② 帮部大直径钻孔预卸压

新庄煤矿除首采工作面外工作面区段煤柱设计为 5 m,掘进巷道区段煤柱侧不布置大直径钻孔。对于首采工作面,巷道两侧均为实体煤,两帮应进行大直径钻孔预卸压。大直径钻孔施工后应封孔,封孔材料可选择黄土、水泥或其他材料,封孔长度 2.5 m。实际钻孔施工参数可根据工作面实际情况进行优化调整。

当监测到掘进巷道帮部处于强、中等和弱冲击危险区域时,帮部布置大直径钻孔的具体参数为:孔径不小于 150 mm,钻孔深度为 25 m,帮部钻孔开孔位置位于距离巷道底板 1.2~1.5 m 处;垂直于巷道帮部、平行于煤层层面进行施工;为了避免与瓦斯抽采孔贯通,钻场区域前方 1~2 个帮孔仰角为 2°~3°;卸压孔滞后迎头的距离分别不大于 5 m、10 m 和 20 m。

掘进巷道帮部钻孔预卸压方案具体如图 4-4、图 4-5 和图 4-6 所示,其中大直径钻孔间距应按照不同等级的冲击危险区域进行选择,参考《冲击地压测定、监测与防治方法 第 10 部分:煤层钻孔卸压防治方法》(GB/T 25217.10—2019)并考虑现场发生底鼓情况,对于强、中等和弱冲击冲击危险区域,钻孔间距分别为 0.8 m、1.6 m 和 2.4 m,现场施工钻孔间距允许误差为±0.2 m。

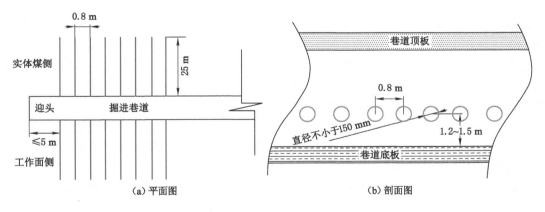

图 4-4　强冲击危险区域帮部大直径钻孔卸压布置图

③ 底板大直径钻孔预卸压

在具有冲击危险的巷道底板中实施预卸压钻孔,可有效改善巷道底板煤岩体中的水平应力集中情况,并能够使底板中的水平应力发生转移,阻断来自巷道底板两侧的应力向存在

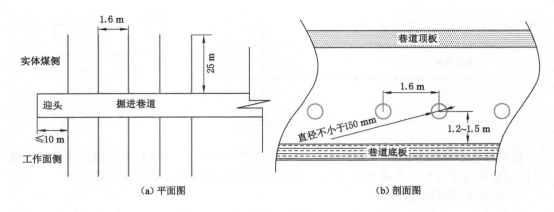

图 4-5　中等冲击危险区域帮部大直径钻孔卸压布置图

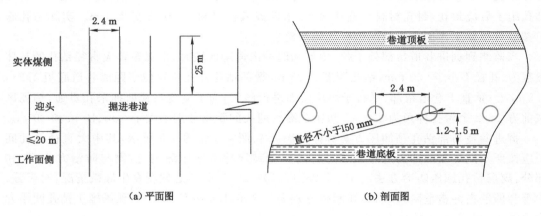

图 4-6　弱冲击危险区域帮部大直径钻孔卸压布置图

自由面的底板传递。当在高应力的煤体内施工一系列钻孔时，由于受高应力的作用，钻孔周围的煤体会产生裂缝并发生破裂，进而引起远离钻孔的煤体破裂和松动，所以煤体中形成一个比起始钻孔孔径大很多的破碎区和塑性区。如果实施多个大直径钻孔，钻孔周围煤体的破碎区或塑性区互相连通，煤体内则会形成范围更大的卸压区，在应力峰值减小的同时应力集中区会向煤体深处转移，起到防冲解危的作用。

　　此外，钻孔周围松散的煤体能对矿震产生的震动波起到衰减作用，使到达巷道的震动波能量迅速衰减，即使巷道深部有震动发生，巷道周围松散煤体也会起到保护巷道的作用。底板钻孔卸压防冲的原理如图 4-7 所示。

　　《煤矿安全规程》中规定，煤层巷道与硐室布置不应留底煤，如果留有底煤必须采取底板预卸压措施。因此，针对工作面掘进巷道受构造、生产等因素影响，不得不留设底煤的区域，应采取卸压措施，常规选择大孔径卸压。未留设底煤的区域，可不进行底煤卸压作业工作。

　　当监测到掘进巷道底板处于强、中等和弱冲击危险区域时，在两顺槽底煤留设区域施工大直径预卸压钻孔。施工方案为：在巷道一帮底角处、带式输送机一侧底角处和巷道底板中部斜向下施工，倾角为 $80°$，钻孔深度应穿透底煤至底板岩层，孔深初步设计为不小于 5 m，孔径不小于 150 mm，滞后掘进迎头分别不大于 5 m、10 m 和 20 m。

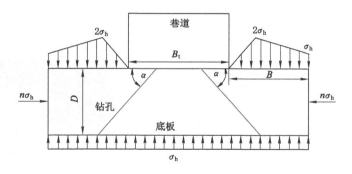

图 4-7　巷道底板钻孔卸压原理图

对于强、中等和弱冲击危险区域,钻孔间距分别为 0.8 m、1.6 m 和 2.4 m,现场施工钻孔间距允许误差为 ±0.2 m。实际钻孔施工参数可根据工作面实际情况进行优化调整。底板大直径钻孔预卸压设计如图 4-8、图 4-9 和图 4-10 所示。

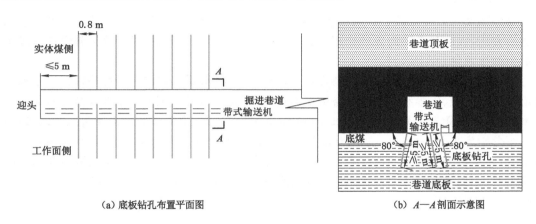

图 4-8　强冲击危险区域底板大直径钻孔预卸压布置示意图

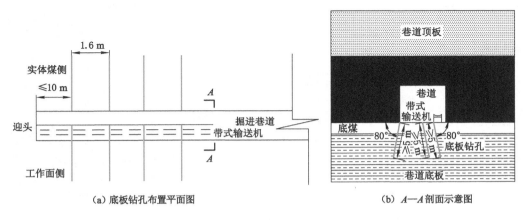

图 4-9　中等冲击危险区域底板大直径钻孔预卸压布置示意图

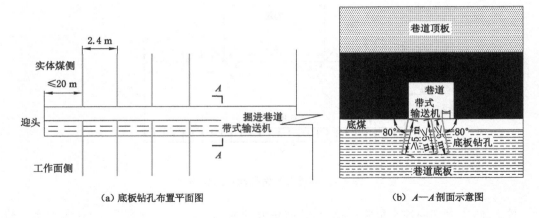

（a）底板钻孔布置平面图　　　　　（b）A—A剖面示意图

图 4-10　弱冲击危险区域底板大直径钻孔预卸压布置示意图

（2）煤体爆破预卸压

煤体爆破预卸压是通过对煤层冲击危险区域实施爆破达到降低冲击危险的一种冲击地压防治方法，它能起到预卸压的作用。在大直径钻孔预卸压基础上，可继续实施煤体爆破来增加预卸压效果。

应根据冲击危险区域划分，随巷道掘进进行预卸压，降低煤体的冲击危险性。对于掘进巷道帮部处于强、中等和弱冲击危险区域的情况，帮部爆破参数具体为：卸压爆破钻孔深度12 m，滞后迎头距离分别不大于 5 m、10 m 和 20 m；对于强、中等和弱冲击冲击危险区域，钻孔间距分别为 5 m、10 m 和 10 m，现场施工钻孔间距允许误差为±0.2 m。钻孔距离巷道底板 1.2～1.5 m，每组一个钻孔，垂直于煤壁单排布置（可与大直径卸压钻孔交错布置），单孔装药量 3 kg，封孔长度不小于 5 m。掘进期间巷道帮部煤体爆破钻孔布置如图 4-11、图 4-12和图 4-13 所示。

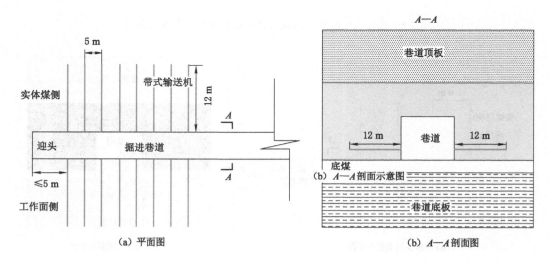

（a）平面图　　　　　　　　　（b）A—A剖面图

图 4-11　强冲击危险区域帮部煤体爆破钻孔布置图

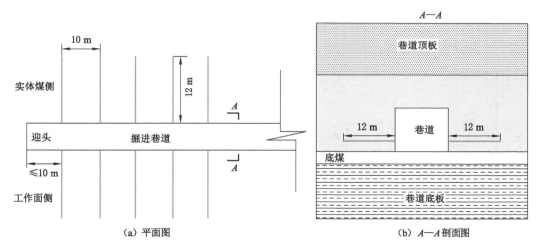

图 4-12　中等冲击危险区域帮部煤体爆破钻孔布置图

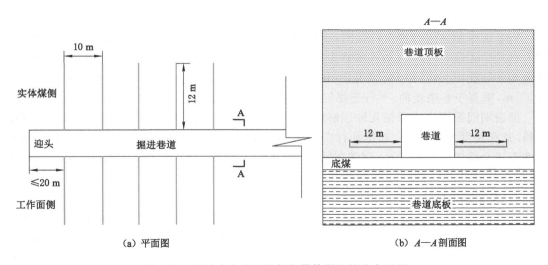

图 4-13　弱冲击危险区域帮部煤体爆破钻孔布置图

以上参数作为初始值参考,采用帮部爆破预卸压防治冲击地压时应当根据邻近钻孔柱状图和煤层及底板岩层物理力学性质等煤岩层条件等,确定煤岩层爆破深度、钻孔倾角与方位角、装药量、封孔长度等参数。

（3）巷道中部开槽预卸压

巷道中部区域开槽回填松散煤岩进行预卸压处理时,开槽宽度和深度根据现场实际情况而定。

4.1.2　冲击危险解危措施

（1）大直径钻孔卸压解危

新庄煤矿煤 8 层工作面掘进期间,若在某区域采用钻屑法检验后煤粉超标或者采用微震、应力在线等方法监测到异常数据,应对冲击危险区域进行冲击地压解危处理。

① 迎头卸压解危

当掘进迎头发现冲击危险时,采用加密钻孔的方式进行卸压解危,即迎头钻孔增加至5个(两种加密方式),其他参数与预卸压参数一致。迎头钻孔布置如图4-14所示。

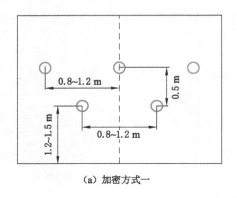 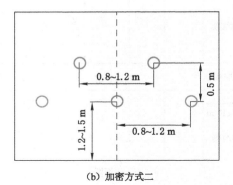

(a) 加密方式一　　　　　　　　　　　(b) 加密方式二

图4-14　掘进迎头卸压解危钻孔布置图

② 帮部卸压解危

当巷道帮部监测到冲击危险时,首先利用钻屑法确定危险范围,然后采取解危措施,采用大直径钻孔进行卸压。钻孔参数为:钻孔深度不小于25 m,孔径不小于150 mm。在大直径预卸压钻孔中间进行加密卸压,可利用钻屑法确定危险范围,卸压范围一般为异常区域前后15 m,垂直于巷道走向、平行于煤层层面进行施工,距离巷道底板1.2~1.5 m。

掘进期间采用大直径钻孔卸压解危后其钻孔应封孔,封孔材料可选择黄土、水泥或其他材料,封孔长度为2.5 m。卸压孔打完后,如果增加钻孔密度后卸压效果仍不理想或者地质条件不适合施工大直径钻孔,则需在钻孔中装药进行爆破卸压(需制定专项措施),直到冲击危险消除或者监测数据小于预警临界值为止。

③ 底板卸压解危

当巷道底板监测到冲击危险时,可采取底板大直径钻孔解危措施。可利用钻屑法确定危险范围,卸压范围一般为异常区域前后15 m。孔深不小于5 m,孔径不小于150 mm,孔间距0.8 m,现场施工钻孔间距允许误差为±0.2 m,倾角为80°,其他参数与预卸压参数一致。

(2) 煤体爆破卸压解危

① 帮部爆破卸压解危

工作面掘进期间,若在某区域采用钻屑法检验后煤粉超标(或者钻孔时有吸钻、卡钻、顶钻等现象)或者采用微震、应力在线等方法监测到异常数据,采用大直径钻孔解危卸压后,仍不能消除冲击危险,可采取煤体爆破进行卸压处理。如图4-15所示,卸压范围一般为异常区域前后15 m,孔深12 m,孔间距5 m,现场施工钻孔间距允许误差为±0.2 m,其他参数同预卸压参数一致。

② 底板爆破卸压解危

综合考虑卸压效果,当底板大直径钻孔卸压解危效果不理想时,可考虑针对巷道底板采取爆破卸压解危措施。施工位置为巷道的两帮底角,从工作面煤壁位置向外施工。其底板爆破卸压施工参数见表4-1,实际钻孔施工参数可根据工作面实际情况进行优化调整。爆

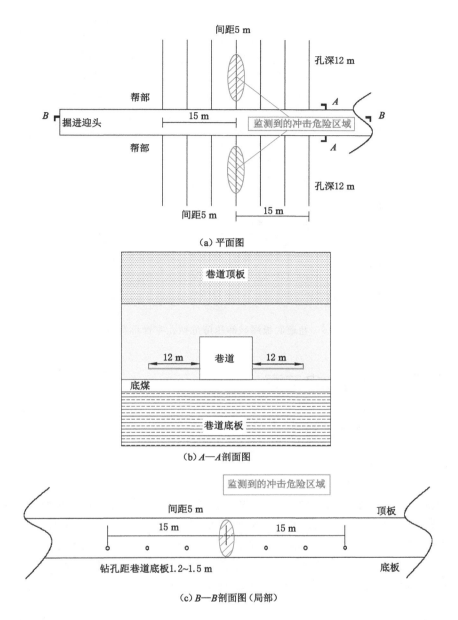

图 4-15　工作面掘进期间煤体爆破卸压解危钻孔布置示意图

破卸压钻孔布置设计如图 4-16 所示。

表 4-1　巷道底板爆破卸压解危设计参数

施工位置	钻孔深度/m	钻孔倾角	孔径/mm	装药量/kg	孔间距/m	封孔长度/m
巷道两底角	12	45°俯角	42	3	5±0.2	≥5

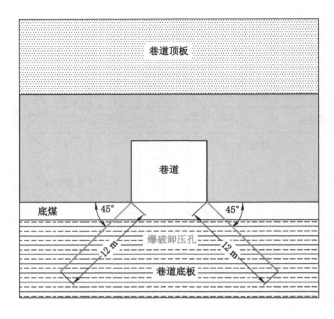

图 4-16 巷道底板爆破卸压解危钻孔布置示意图

4.2 回采工作面防冲方案

4.2.1 冲击危险区预卸压措施

（1）大直径钻孔预卸压

① 帮部大直径钻孔预卸压

工作面前方 200 m 范围是支承压力区，为冲击地压多发区域，也是防治的重点。参照国标《冲击地压测定、监测与防治方法 第 10 部分：煤层钻孔卸压防治方法》（GB/T 25217.10—2019），对回采工作面超前巷道两帮进行钻孔卸压方案设计。其中，卸压钻孔施工区域为通过冲击危险性评价确定的弱冲击危险区、中等冲击危险区、强冲击危险区。回采工作面卸压钻孔区域应覆盖工作面前方受采动影响区域，且不小于 200 m，在工作面前方两巷进行。

新庄煤矿煤 8 层工作面回采期间巷道钻孔预卸压一般采用大直径钻孔卸压技术，在回采巷道两帮施工大直径钻孔，钻孔直径不小于 150 mm，按回采期间工作面危险区域等级（强、中等、弱危险区域），钻孔间距取 0.8～2.4 m。除首采工作面外工作面区段煤柱设计为 5 m，回采工作面巷道区段煤柱侧不布置大直径钻孔，实体工作面侧孔深 25 m，钻孔开孔位置位于距巷道底板 1.2～1.5 m 位置，垂直于巷道帮部、平行于煤层层面进行施工。具体布置如图 4-17 所示。工作面回采期间，超前 200 m 区域已卸压，随着工作面不断回采在 200 m 以外范围施工大直径钻孔进行预卸压。

② 底板大直径钻孔卸压

对于布置在煤层中的巷道，工作面回采期间应在工作面超前巷道底板施工大直径钻孔

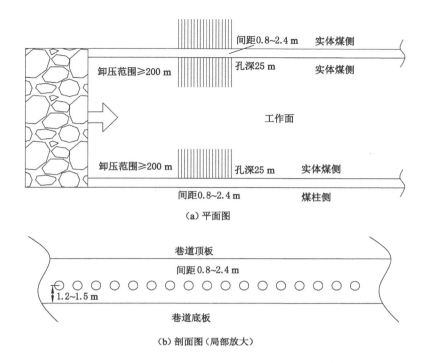

图 4-17　回采工作面大直径钻孔预卸压布置示意图

对底煤进行预卸压。

　　a. 对于弱危险区域：回采期间对工作面前方 200 m 范围实施底板大直径钻孔预卸压。孔径不小于 150 mm，每组两个钻孔，每组大直径钻孔间距为 2.4 m，底板钻孔与水平夹角为 60°，施工钻孔深度需要穿透底煤至底板岩层（当巷道内布置有带式输送机等设备影响钻机施工时，可根据现场情况适当选择开孔位置）。

　　b. 对于中等危险区域，巷道每隔 1.6 m 在掘进工作面底板施工大直径卸压钻孔；对于强危险区域：巷道每隔 0.8 m 在掘进工作面底板施工大直径卸压钻孔；其他参数同上。当冲击危险解危效果不够明显时，可在原钻孔之间进一步加大密度，具体参数同上。

　　新庄煤矿回采工作面在弱冲击危险区域下底板大直径钻孔预卸压布置设计如图 4-18 所示。

　　(2) 顶板预卸压

　　针对煤 8 层上方距离较近的单层厚度超过 10 m 的厚砂岩层，可能在工作面回采期间难以破断从而形成悬顶结构，当工作面过初次来压、采空区"见方"、褶曲轴部等顶板活动剧烈的回采阶段时，厚砂岩悬顶的存在将大大增加采掘空间的冲击危险性。因此，针对煤 8 层评价或监测，确定具有冲击危险的区域，且顶板为主要诱冲因素之一时，可选择顶板深孔爆破或顶板定向水力致裂措施处理顶板（尤其是临空侧巷道）。

　　① 顶板深孔爆破

　　顶板深孔爆破包括向工作面实体煤侧施工的倾向预裂爆破孔（控制顶板断裂步距）和临空侧平行于采空区的走向预裂爆破孔（处理采空区侧向悬顶）。顶板深孔爆破主要是在工作

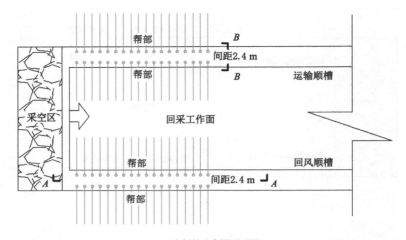

(a) 底板钻孔布置平面图

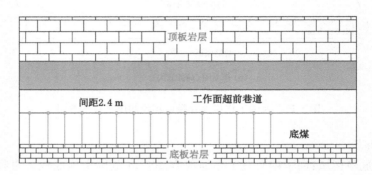

(b) A—A剖面图(局部)

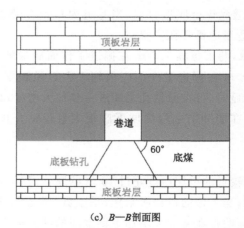

(c) B—B剖面图

图 4-18　回采工作面弱冲击危险区域底板大直径钻孔预卸压布置示意图

面超前区域(不小于 150 m)施工顶板爆破钻孔,爆破孔开孔位置宜布置在巷道肩窝附近,爆破孔终孔位置应根据现场条件、关键层位置等综合确定(即可根据理论计算的关键层层位或根据微震定位大能量矿震事件频发的层位确定)。爆破孔深度应不小于 10 m;爆破孔直径为 42～100 mm,爆破孔排距为 5～10 m,封孔长度不应小于爆破孔深度的三分之一,且应不小于 5 m。具体布置如图 4-19 所示。

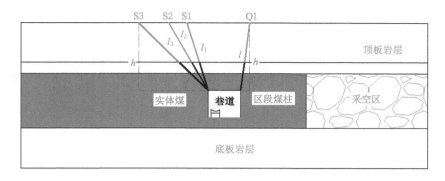

图 4-19　顶板深孔爆破卸压钻孔布置示意图

考虑到新庄煤矿煤 8 层共分为五个盘区,各个盘区上方的关键层、坚硬岩层的层位位置不同,因此,顶板深孔爆破孔的孔深、倾角、装药量、封孔长度等参数应根据各个盘区工作面现场条件、关键层位置、爆破岩层层位等综合确定。

② 定向水力致裂

定向水力致裂技术就是利用专用刀具,人为在顶板岩层中预先切割出一个定向裂缝,在较短时间内,注入高压水,使岩(煤)体沿定向裂缝发育裂隙,从而实现坚硬顶板的定向分层或切断,弱化坚硬顶板岩层的强度、整体性以及减小厚度,以达到控制矿震活动的目的。其技术原理如图 4-20 所示。

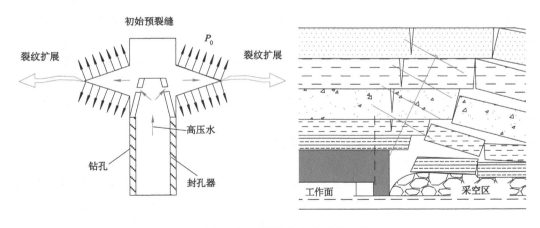

图 4-20　顶板定向水力致裂原理图

顶板定向水力致裂措施包括向工作面实体煤侧施工倾向致裂孔(控制顶板断裂步距)和临空侧平行于采空区施工走向致裂孔(处理采空区侧向悬顶),施工致裂孔和观察孔。孔径为 42 mm,钻孔深度、倾角等技术参数应根据煤 8 层各个盘区工作面现场条件、关键层位置、爆破岩层层位等综合确定,观察孔深度比致裂孔深度要大。其布置如图 4-21 所示。

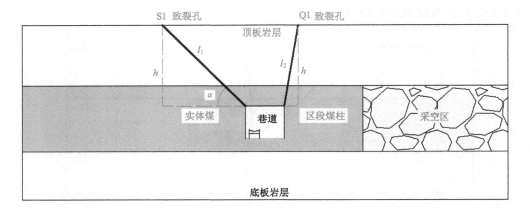

图 4-21　顶板定向水力致裂布置示意图

4.2.2　冲击危险解危措施

（1）大直径钻孔卸压解危

① 帮部大直径卸压解危

新庄煤矿煤 8 层工作面回采期间,若在某区域采用钻屑法检验发现煤粉超标或者采用微震、应力在线等方法监测到异常数据,说明该区域具有发生冲击地压的危险,应对危险区域进行冲击地压解危处理。首先采用大直径钻孔进行卸压,钻孔参数为:孔径不小于 150 mm,孔深 30～35 m(应大于预卸压钻孔孔深 5～10 m)。在实体煤帮施工大直径钻孔,而宽度 5 m 的区段煤柱帮不施工大直径钻孔。在大直径预卸压钻孔中间进行加密卸压,卸压范围为异常区域前后 15 m,垂直于巷道走向、平行于煤层层面进行施工,距离巷道底板 0.5～1.5 m。掘进期间采用大直径钻孔卸压解危后钻孔应封孔,封孔材料可选择黄土、水泥或其他材料,封孔长度不小于 2.5 m。卸压孔打完后,在工作面推进过程中,需要经常监测和检验卸压区的冲击地压危险性,特别要注意卸压后的应力恢复。如果增加钻孔密度后卸压效果仍不理想或者地质条件不适合施工大直径钻孔,则需在钻孔中装药进行爆破卸压(需制定专项措施),直到冲击危险消除或者监测数据小于预警临界值为止。

② 底板大直径卸压解危

新庄煤矿工作面回采期间巷道底板采取预卸压措施后应力水平仍较高,且底鼓现象明显,或者采用微震等方法监测到底板有大能量矿震时,应采取底板钻孔卸压进行解危。具体实施方案为:在冲击危险区域及其前后 15 m 范围内每隔 1.5 m 在巷道底板布置一组底板卸压解危钻孔,每组 3 孔,每组间距 1.5 m,巷道两侧钻孔与水平方向夹角为 60°,钻孔施工深度穿透底煤至底板岩层。若冲击危险仍不能消除,可进一步缩小孔间距,降低底煤应力集中程度。

回采工作面超前巷道底板卸压解危钻孔布置设计如图 4-22 所示。

（2）煤体爆破卸压解危

① 帮部爆破卸压解危

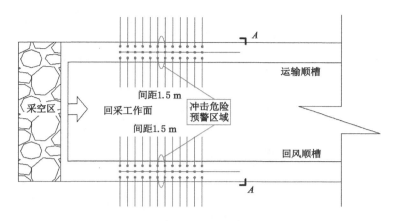

（a）底板钻孔布置平面图

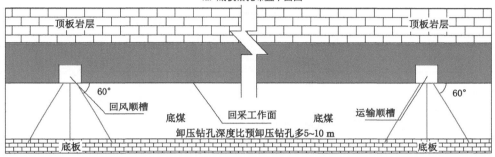

（b）A—A 剖面图

图 4-22　回采工作面超前巷道底板卸压解危钻孔布置示意图

工作面回采期间,若在某区域采用钻屑法检验发现煤粉超标(或者钻孔时有吸钻、卡钻、顶钻等现象)或者采用微震、应力在线等方法监测到异常数据,说明该区域具有发生冲击地压的危险,应对危险区域进行冲击地压解危处理。采用大直径钻孔卸压后,仍不能消除冲击危险的,可进一步采取煤帮卸压爆破解危措施。爆破卸压方案:在巷道两帮监测危险区域及其前后各 15 m 范围内进行煤体爆破卸压,钻孔深度大于 12 m(3～5 倍采高),钻孔间距为 5 m,孔径 42 mm,距离巷道底板 0.5～1.5 m,每组一个钻孔,单孔装药量 3 kg,封孔长度不小于5 m。对巷道区段煤柱(宽度 5 m)侧,不进行煤体卸压爆破。

工作面回采期间煤帮爆破卸压钻孔布置如图 4-23 所示。

采用煤帮爆破时应注意:① 卸压爆破后要用钻屑法再次检查卸压效果,如果卸压爆破范围钻屑量监测数值仍超过临界值或在钻进过程中仍有动力现象,则应进行第二次爆破,直至解除冲击危险为止。② 爆破顺序应从工作面侧开始沿巷道向外进行,以便使高应力区域向外转移,远离工作面。③ 采用爆破卸压时,必须编制专项安全措施,起爆点及警戒点到爆破地点的直线距离不得小于 300 m,躲炮时间不得小于 30 min。

② 底板爆破卸压解危

综合考虑卸压效果,当底板大直径钻孔卸压解危工作效果不理想时,可考虑针对巷道底板采取爆破卸压解危措施。施工位置为巷道的两帮底角,从工作面煤壁位置向外施工。底板

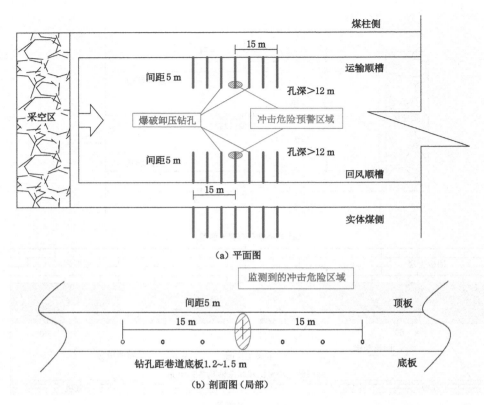

（a）平面图

（b）剖面图（局部）

图 4-23　工作面回采期间煤帮爆破卸压解危钻孔布置示意图

爆破卸压施工参数见表 4-2，爆破卸压钻孔布置设计如图 4-24 所示。

表 4-2　巷道底板爆破卸压解危设计参数

施工位置	钻孔深度/m	钻孔倾角	孔径/mm	装药量/kg	孔间距/m	封孔长度/m
巷道两底角	12	45°俯角	42	3	5	≥5

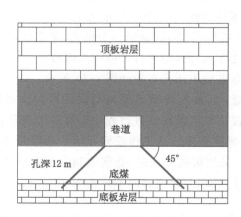

图 4-24　巷道底板爆破卸压解危钻孔布置示意图

（3）顶板卸压解危

如果以上大直径钻孔卸压、爆破卸压等措施不足以解除冲击地压危险,需实施顶板深孔爆破或顶板水力致裂解危。对于顶板爆破,应在预卸压参数的基础上,采取减小组间距、增加装药量等方法增强卸压效果;对于顶板水力致裂,应在预卸压参数的基础上,采取减小组间距、调整倾角等方法增强卸压效果。

4.3　防冲效果检验方法

由于冲击地压的复杂性以及冲击冲击危险区域的相对隐蔽性,冲击危险区域实施解危措施后,冲击危险可能未完全消除,或由于应力转移而使得邻近区域冲击危险性升高,因此必须及时对解危效果进行检验。

防冲措施效果的检验方法和指标可参照冲击地压危险监测预警方法和指标。效果检验的方法主要有钻屑法、应力监测法、微震法等。弱冲击危险区域解危效果可采用钻屑法检验,中等或强冲击危险工作区域解危效果检验方法应不少于两种。采用综合检验时,如果所有检验方法均判定无冲击危险,则解危区域的冲击危险得到消除;当其中一种检验方法表明仍具有冲击地压危险时,需继续采取解危措施,直到经检验冲击地压危险解除为止。

4.4　冲击地压防治体系

针对新庄煤矿采掘工作面地质赋存条件和开采技术条件,结合矿井区域防范措施,根据"局部跟进、分区管理、分类防治"的防冲原则,基于新庄煤矿冲击地压主控因素判识及危险区域划分与动态预警,确定冲击地压类型,制定采掘工作面等区域分区、分类、分级的"顶板-煤层-底板"综合防治技术措施,并根据实际矿压显现与防冲效果检验及时调整优化。新庄煤矿采掘工作面冲击地压防治技术体系见图 4-25 所示。

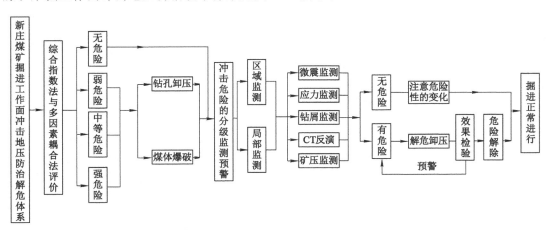

（a）掘进工作面冲击地压综合防治技术体系

图 4-25　新庄煤矿采掘工作面冲击地压防治技术体系

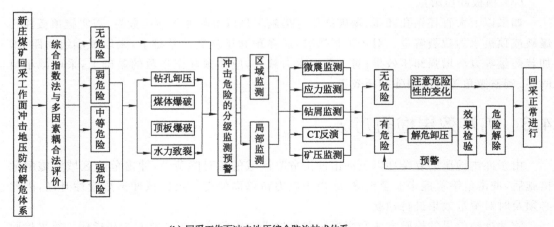

（b）回采工作面冲击地压综合防治技术体系

图 4-25（续）

第 5 章　大埋深厚表土坚硬覆岩复合灾害防治技术

5.1　新庄煤矿主要复合灾害致灾机理

国家矿山安全监察局印发的《关于进一步加强煤矿冲击地压防治工作的通知》（矿安〔2000〕1 号）要求，冲击地压矿井严格执行"零冲击"目标管理；新版《煤矿重大事故隐患判定标准》的要求更加严格。为切实强化矿井各类灾害风险管控和重大灾害防治工作，有效防范和坚决遏制矿井重特大事故，促进矿井安全投产，原国家安全监管总局、国家煤矿安监局《关于进一步加强煤矿重大灾害防治有效防范重特大事故的通知》（安监总煤装〔2016〕10 号）要求，结合矿井 2022 年矿建工程排版计划，特对新庄煤矿主要复合灾害进行分析并制定防治措施。

5.1.1　新庄煤矿主要复合灾害概况

根据矿井实际情况可知，新庄煤矿主要受到冲击地压与瓦斯、冲击地压与水害、冲击地压与矿山压力等复合灾害影响。为更好应对这些复合灾害，保证矿井的安全生产，现对这些复合灾害进行简单的概述。

（1）冲击地压与瓦斯

冲击地压事故发生后，常伴有煤岩体抛出、巨响及气浪等现象。煤岩体弹出时，大量吸附瓦斯开始解吸参与突出，同时一部分瓦斯从裂隙中以游离状态涌出，会导致瓦斯异常。另外煤岩体大面积弹出将会对巷道断面尺寸产生较大影响，进而影响巷道风量，严重时可能堵塞巷道，造成风流短路；并且煤岩体弹出时煤岩块及支护材料会砸伤巷道内敷设的各类线缆，导致监测监控系统故障。根据矿方提供的《新庄煤矿初步设计》，煤 8 层瓦斯含量较高的区域集中在东部的乔家庙向斜和西部的新庄向斜，井田瓦斯最高含量为 4.56 mL/g. daf（NK301 号孔）。随着冲击地压的发生，矿井瓦斯涌出，尤其是在东部的乔家庙向斜和西部的新庄向斜附近，给矿井的安全生产带来危害。

（2）冲击地压与水害

矿井 8 煤及其顶板具有弱冲击倾向性，8 煤具有中等冲击危险性；矿井水文地质条件为中等类型，矿井建设期间，掘进工程对上部地层扰动较小，由于白垩系含水层和下部侏罗系含水层间有稳定的侏罗系安定组、直罗组泥岩、粉砂岩隔水层存在，导水裂隙不能延伸至白垩系含水层，矿井的涌水主要来自煤层的上部侏罗系砂岩复合含水层及底板中侏罗统延安组下部煤 8 层底板以下三叠系复合含水层。故在灾害治理方面，常规的防治方案局限性较大、较单一，且相互制约。如采取顶板预裂爆破，有利于冲击地压防治，但对顶板水防治不利;采取对顶板含水层底部注水泥浆改造隔水层有利于顶板水的防治,但由于该方法相当于在煤层顶板上人工塑造了一层坚硬的岩层,不利于冲击地压防治。故在灾害防治方面,需综合考虑,确保防治方案对两种灾害防治都有利,如在含水层底部注浆时,需考虑注浆材料和注浆段的选取,确保封堵岩层裂隙及时、有效,且不会塑造一层坚硬的岩层,否则对防冲不利。

（3）冲击地压与矿压

煤层在开采之前,它同岩层在各个方向受力是平衡的,掘出开切眼后,岩层受力平衡状态遭到破坏,围岩移动变形,寻求新的应力平衡,在顶板上方形成了暂时平衡的岩石松动圈,这时工作面支架支撑的主要是松动圈内岩石重量。受采动影响而在围岩和液压支架上产生的力就是顶板来压。

工作面直接顶、基本顶以及底板的岩性和厚度,都对工作面的来压有很大的影响。由于采动的影响,三者既可以形成稳定的支撑体构造,又可能成为液压支架的载荷。其中工作面顶板的岩性、厚度以及岩组的相对位置对综采面顶板来压以及支架选型的影响最为显著。

由图 5-1 可知,新庄煤矿一盘区大巷所在区域煤层上方 10 m 厚坚硬岩层距离煤层大多在 40 m 以内,某些区域甚至小于 20 m;由图 5-2 新庄煤矿煤 8 层上部首层厚度大于 10 m 砂岩厚度分布等值线可知,新庄煤矿上覆厚层砂岩厚度大多接近 20 m,局部区域的上覆厚层砂岩厚度可达 40 m;由表 5-1 覆岩关键层判定结果可知,覆岩关键层为 2 号和 17 号岩层,表中的 2 号岩层（粉砂岩）除了受到自重载荷外,还承受了上方 3～16 号岩层的重量,17 号岩层（细砂岩）承受了自身重量及上部 18、19 号岩层（及以上）的重量。

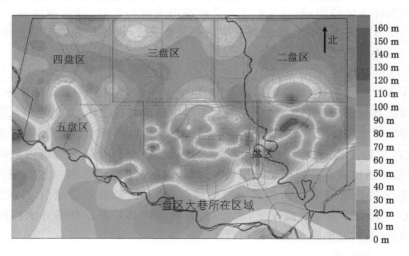

图 5-1　一盘区大巷区域厚岩层（＞10 m）距煤层距离等值线图

可以推测,煤 8 层各工作面后期开采后,在其上部会形成 2 号粉砂岩亚关键层及 17 号细砂岩亚关键层,另外,覆岩中含有多层坚硬岩层使得工作面顶板可能难以垮落。由于关键层厚度比较大,同时考虑最危险情况,煤 8 层从最初推进过程中,随着工作面的推进,采场将会出现两种初次来压。

结合以上条件,新庄煤矿工作面来压现象会明显,因此在开采时应时刻注意工作面来压

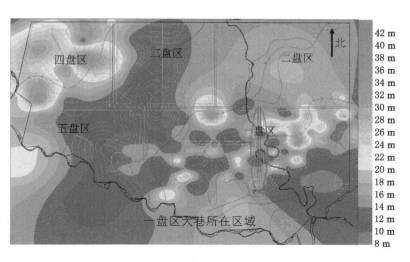

图 5-2　新庄煤矿煤 8 层上部首层厚度大于 10 m 砂岩厚度分布等值线图

情况,来压会使冲击地压发生风险升高。

表 5-1　覆岩关键层判定结果

序号	岩性	厚度/m	埋深/m	抗拉强度/MPa	弹性模量/MPa	关键层判定
19	中砂岩	9.64	815.77	3.32	29 200	
18	粉砂岩	2.70	830.05	3.25	30 600	
17	细砂岩	25.42	855.47	4.67	30 200	亚关键层 2
16	粉砂岩	6.19	861.66	1.3	22 300	
15	细砾岩	7.03	868.69	3.64	13 600	
14	粉砂岩	9.23	877.93	3.27	30 600	
13	中砂岩	7.22	885.15	3.32	29 200	
12	含砾粗砂岩	4.58	889.73	2.31	20 900	
11	细砂岩	2.29	892.02	4.32	16 700	
10	含砾粗砂岩	3.18	895.20	2.42	24 100	
9	泥岩	1.23	896.42	2.14	19 000	
8	粉砂岩	6.63	903.05	3.28	16 600	
7	中砂岩	1.00	904.04	4.1	32 740	
6	粉砂岩	1.09	915.13	3.14	15 300	
5	中砂岩	10.31	925.44	3.9	31 800	
4	含砾粗砂岩	1.00	926.44	2.8	20 500	
3	中砂岩	4.07	930.51	2.7	8 100	
2	粉砂岩	15.81	946.32	2.07	27 700	亚关键层 1
1	泥岩	0.35	946.67	2.71	15 100	
	8 煤	9.71	956.38	1.13	3 017	

5.1.2 新庄煤矿主要复合灾害致灾机理分析

（1）冲击地压、瓦斯动力灾害致灾机理耦合分析

煤矿进入深部开采后，采场地应力增高，各种动力灾害，尤其是煤岩瓦斯动力灾害比以往更具复杂性，其带来的后果也更为严重。煤与瓦斯突出和冲击地压是煤矿最为典型的煤岩动力灾害，在瓦斯条件复杂的矿井进行深部开采，地应力和瓦斯吸附压力很高，充分预抽瓦斯困难，在冲击地压发生前、发生过程中和发生后均伴有瓦斯的异常涌出，这表明煤与瓦斯突出和冲击地压具有相关性。

① 瓦斯对冲击地压的作用

矿井生产过程中，在瓦斯含量较多的情况下，既有极大的可能性发生瓦斯涌出现象，又可能因瓦斯压力过大而造成冲击地压，这为瓦斯涌出和发生冲击地压提供了物质条件和动力条件。在矿井进行采掘活动过程中，冲击地压现象的发生，通常情况下与瓦斯解吸膨胀的能量以及瓦斯的吸附压力有着密切的关系。矿井中瓦斯含量越高，瓦斯中存在潜在的助动能量越高，发生冲击地压的概率也相应越大。因此高瓦斯矿井中不但可能发生瓦斯灾害，而且蕴藏着发生冲击地压的危险。

在瓦斯矿井中，煤层中的煤体往往含有一定量的瓦斯，对于此类煤体的相关力学性质，国内外众多研究人员展开了大量的相关研究，以试验方法得出结论：无论是煤体中处于游离状态的瓦斯，还是在煤体内部以吸附状态存在的瓦斯，都对煤体的相关力学性质有着极大的影响。自然状态下的煤具有相对疏松且多孔的结构特征，瓦斯的存在导致煤体表面的自由能变小，从而使其内部的内聚力降低，导致煤体的抗压强度减小，使其更容易被破坏。在冲击地压孕育阶段，游离状态的瓦斯对煤体产生力的作用，主要表现为体积力；而在冲击地压发生和发展阶段，游离状态的瓦斯和吸附状态的瓦斯均对煤体产生力的作用，使其出现裂隙并最终导致破坏。

② 冲击地压对煤与瓦斯突出的作用

在煤矿开采生产过程中，冲击地压最明显的现象就是矿井内煤岩体发生剧烈的震动，其主要原因就是在采动前煤岩体内部已具有大量的弹性能，在采动的影响下，大量的能量瞬间释放出来而造成强烈的震动。在强烈的震动下，煤体对瓦斯吸附的能力也随之降低。而冲击地压的发生，往往也能够使部分吸附在煤体中的瓦斯变成游离状态从煤体中流出，煤体内部的裂隙逐渐扩展变大，煤体发生失稳破坏甚至因该过程中煤岩体所释放巨大的能量而抛出，即冲击地压的发生，伴随着煤岩体破坏所释放的巨大的能量，一方面引起矿体震动，另一方面导致煤岩体被抛出，同时也为煤体内瓦斯的解吸以及游离状态的瓦斯的流动提供了必要的条件。

冲击地压的发生会造成许多危害，例如：煤岩体在巨大的能量下被抛出，部分煤岩被抛至巷道口处堵塞巷道，阻碍通风系统的正常工作，造成通风系统紊乱，所供风流无法正常到达发生灾害地点；而由冲击地压所造成的强烈震动也可能造成瓦斯抽放设备以及通风设备的损坏等，从而导致矿井通风系统瘫痪，从煤体中涌出的瓦斯不断在灾害影响的巷道和工作面积聚，极有可能导致巷道和工作面瓦斯含量超标，发生瓦斯爆炸以及采煤工人窒息死亡等重大事故的概率将大大提高。

综上所述，在含瓦斯矿井进行深部开采的过程中，瓦斯的存在为瓦斯涌出和发生冲击地

压提供了物质条件和动力条件;也会改变煤体的力学性质,使煤体更易发生失稳破坏;煤体中处于吸附状态的瓦斯会使煤体的内聚力降低,抗压强度减小,使其更容易被破坏,而游离状态的瓦斯作用于煤体上,可能导致煤体内部的裂隙逐渐发育并扩张。冲击地压的发生,也会导致煤体内裂隙的发育,吸附状态下的瓦斯解吸变为游离状态;另外,冲击地压还可能造成矿井通风系统紊乱甚至瘫痪,使瓦斯超限从而带来一系列的瓦斯灾害。

③ 煤岩瓦斯动力灾害发生的能量方程

在煤矿采掘过程中,煤岩体中积聚的弹性能和煤体中的瓦斯膨胀能造成煤岩系统发生失稳破坏并导致煤岩体被抛出。根据能量守恒定律结合煤岩体的弹性能和瓦斯内能等,得到发生煤岩瓦斯动力灾害的能量公式为:

$$E_e + E_f + E_d = E_e + E_r \tag{5-1}$$

式中,E_e 代表煤岩体所积蓄的变形势能;E_r 代表煤岩的抛出功;E_f 和 E_d 分别代表游离状态瓦斯的膨胀能和吸附状态的瓦斯的膨胀能,在数值上等于瓦斯膨胀功的大小,即:

$$E_f = W_f, \quad E_d = W_d \tag{5-2}$$

其中,煤体所积蓄的变形势能 E_e、煤岩的抛出功 E_r、游离瓦斯膨胀能 E_f、吸附瓦斯膨胀能 E_d 参见下列公式:

$$E_e = \frac{(\sigma_1^2 + \sigma_2^2 + \sigma_3^2) - 2\mu(\sigma_1\sigma_2 + \sigma_2\sigma_3 + \sigma_1\sigma_3)}{2E} \tag{5-3}$$

式中,E 为弹性模量;μ 为泊松比;σ_1、σ_2、σ_3 为 3 个主应力。

$$E_r = \frac{mv^2}{2} \tag{5-4}$$

式中,E_r 为煤岩的抛出功,kJ;v 为煤岩的抛出速度,m/s。

$$E_f = W_f = \frac{RTv_f\rho_c}{V(n-1)}\left[\left(\frac{P_0}{P}\right)^{\frac{n-1}{n}} - 1\right] \tag{5-5}$$

式中,R 为气体常数,J/(mol·K);T 为瓦斯膨胀后的绝对温度,K;n 为多变过程指数;P_0 为瓦斯初始压力,Pa;P 为瓦斯膨胀后压力,Pa;V 为瓦斯在标准状态下的摩尔体积,m^3/mol;v_f 为游离瓦斯含量,m^3/t;ρ_c 为煤体密度,t/m^3;E_f 为游离瓦斯膨胀能,J/m^3。

$$E_d = W_d = \frac{\rho_c R T_0 a}{V(n-1)}\left\{\left[\frac{n}{3n-2}\left(\frac{P_0}{P}\right)^{\frac{n-1}{n}} - 1\right]\sqrt{P} + \frac{2(n-1)}{3n-2}\sqrt{P_0}\right\} \tag{5-6}$$

式中,a 为瓦斯含量系数,$m^3/(t·Pa^{1/2})$;E_d 为瓦斯解吸膨胀能,J/m^3,表示单位体积煤中吸附瓦斯解吸发生膨胀运动所做的功。

当不考虑瓦斯的作用,即 $E_f + E_d$ 的能量可以忽略不计时,发生的动力灾害即为传统意义上的冲击地压。而当瓦斯膨胀能远大于煤岩体所积蓄的变形势能时,即当其能量大小相差至少 1 个数量级时,此时发生的动力灾害就是传统意义上的煤与瓦斯突出。当两者的值相差不大时,此时发生的煤岩瓦斯动力灾害将不具备典型冲击地压和典型煤与瓦斯突出的特点,称之为非典型的煤岩瓦斯动力灾害。

(2) 冲击地压、矿井水灾害致灾机理耦合分析

对于富水工作面,为避免回采过程中出现突水危险和尽快缩短工作面准备时间,通常在巷道掘进前施工疏水孔,提前进行疏放水工作。如图 5-3 所示,为避免工艺相互影响,工作面掘进一定距离后,在距迎头后方 L 位置施工疏水孔进行疏水。

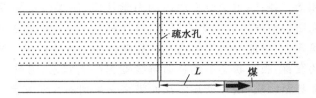

图 5-3　掘进工作面疏水示意图

① 顶板疏水诱发掘进工作面冲击地压机理

不考虑构造应力影响,深部富水掘进工作面的力源主要包括:自重应力、超前支承压力和疏水引起的集中应力。

不考虑其他构造等应力影响,在上覆岩层自重应力的作用下,煤体受力处于均匀分布状态,如图 5-4(a)所示。

$$\sigma_1 = \gamma h \tag{5-7}$$

式中,σ_1 为原岩应力;γ 为岩层容重;h 为工作面埋深。

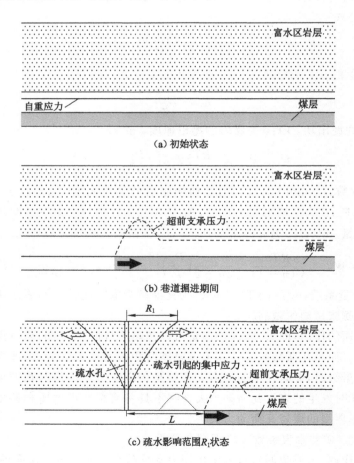

(a) 初始状态

(b) 巷道掘进期间

(c) 疏水影响范围 R_1 状态

图 5-4　富水掘进工作面应力演化规律

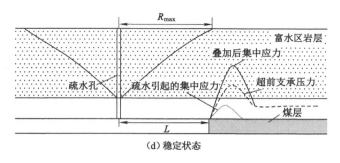

图 5-4（续）

受巷道开挖的影响，掘进工作面迎头将产生应力集中，应力增量集中系数为 χ，如图 5-4(b)所示，此时巷道围岩应力为：

$$\sigma_2 = (1 + \chi)\gamma h \tag{5-8}$$

式中，σ_2 为巷道开挖后围岩应力；χ 为受巷道掘进影响超前支承压力应力增量集中系数。

当疏水影响范围为 R_1 时，巷道围岩出现应力重新分布，疏水影响范围内垂直应力降低，疏水影响范围边缘出现应力集中，如图 5-4(c)所示。

当疏水影响范围扩展到一定程度时，疏水影响范围为 R_{max}，将不再向外扩展，如图 5-4(d)所示。此时，富水区岩层和煤层顶板应力集中位置不再随着疏水的进行向外扩展。此时巷道迎头围岩应力为：

$$\sigma_3 = (1 + \chi + \zeta)\gamma h \tag{5-9}$$

式中，σ_3 为疏水影响范围 R_{max} 状态下巷道围岩总应力；ζ 为受疏水影响巷道围岩应力增量集中系数。

在冲击地压动力灾害研究领域，可以以围岩所受应力与围岩强度比值作为发生动力灾害的判断依据，当巷道围岩所受应力 σ 与巷道围岩强度 σ_c 比值超过一定值 I_w 时，则巷道处于冲击危险临界状态。

$$\frac{\sigma}{\sigma_c} = I_w \tag{5-10}$$

对于掘进工作面来讲，巷道围岩所受应力 σ 主要包括自重应力 γh、掘进工作面超前支承产生的集中应力 $\chi\gamma h$；疏水产生的集中应力 $\zeta\gamma h$。

综合上述分析可知，深部富水掘进工作面顶板疏水诱发冲击地压机理为：顶板疏水引起富水区岩层物理力学性质改变导致煤体局部应力集中，该集中应力随着疏水影响范围扩展向外移动，当其与自重应力、掘进工作面超前支承压力等集中应力叠加的总和超过冲击地压的临界应力时，掘进工作面易发生冲击。

② 顶板疏水诱发回采工作面冲击地压机理

对于深部富水回采工作面来讲，掘进期间可通过施工钻孔进行疏水，降低富水区岩层中的水头压力，以避免回采期间出现突水事故。相比普通工作面（无顶板水工作面），疏水后，富水区岩层物理力学性质出现不均匀导致煤体应力不均匀分布，在富水区岩层物理力学性质不均匀区下方将出现应力降低，在富水区岩层物理力学性质不均匀区边缘出现应力集中。因此，富水工作面回采前，在富水区边缘将产生应力集中。

按照回采顺序,顶板水下回采工作面应力演化可分为五个阶段:回采前→富水区外→富水区边缘→富水区下方→另一侧富水区边缘,如图5-5所示。

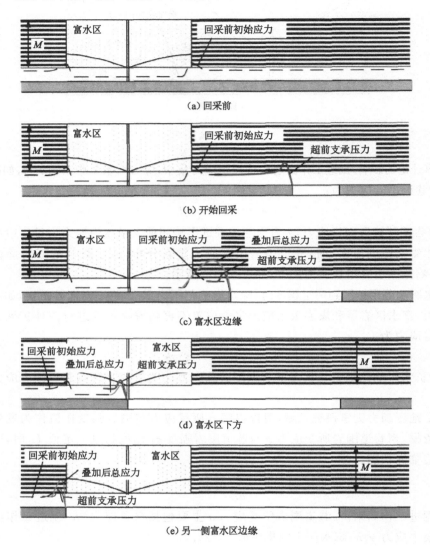

图 5-5　过富水区时回采工作面应力演化规律示意图

a. 回采前

受掘进期间疏水影响,工作面煤层应力将出现不均匀分布,富水区边缘出现应力升高,富水区下方出现应力降低,在未受疏水影响区域,工作面煤体处于自重应力状态,如图5-5(a)所示。此时,回采工作面煤体应力为:

$$\sigma_1' = \begin{cases} \gamma h & \text{(距富水区边缘较远位置)} \\ (1+\zeta)\gamma h & \text{(富水区边缘)} \\ (1-\delta)\gamma h & \text{(富水区下方)} \end{cases} \tag{5-11}$$

式中,σ_1'为疏水后回采前工作面煤体应力,MPa;δ为受疏水影响工作面煤减量集中系数。

b. 富水区外

由于距富水区边缘较远,工作面前方煤体应力未受疏水影响,此时,工作面煤层前方仅受超前支承压力影响,如图 5-5(b)所示,工作面煤体应力为:

$$\sigma_2' = (1 + \eta)\gamma h \tag{5-12}$$

式中,σ_2' 为回采前工作面煤体应力,MPa;η 为工作面超前支承压力应力增量集中系数。

c. 富水区边缘

随着工作面推进,支承压力也不断向前移动,当工作面推进至富水区边缘时,超前支承压力和疏水引起的集中应力产生叠加,工作面煤体产生应力集中,易诱发冲击,如图 5-5(c)所示。此时工作面煤体应力为:

$$\sigma_3' = (1 + \zeta + \eta)\gamma h \tag{5-13}$$

式中,σ_3' 为富水区边缘工作面煤体应力,MPa。

d. 富水区下方

当工作面进入富水区下方时,受疏水损伤影响,富水区下方煤体出现应力降低,此时煤体应力较低,相比富水层边缘,工作面发生冲击的可能性相对较小,如图 5-5(d)所示。此时工作面煤体应力为:

$$\sigma_4' = (1 - \sigma + \eta)\gamma h \tag{5-14}$$

式中,σ_4' 为富水区边缘工作面煤体应力,MPa。

e. 另一侧富水区边缘

工作面推进至富水区另一侧时,受疏水损伤影响,富水区边缘出现应力集中,该应力与超前支承压力叠加将产生更大的应力集中,此时易发生冲击,如图 1-5(e)所示。此时工作面煤体应力为:

$$\sigma_3' = (1 + \zeta + \eta)\gamma h \tag{5-15}$$

工作面回采过程中,当工作面煤体所受应力 σ 与巷道围岩强度 σ_c(因为巷道两帮围岩为煤体,因此 $\sigma_w = \sigma_c$)比值超过一定值 I_w 时,工作面易发生冲击。

综合上述可知,不考虑其他构造应力影响下,深部富水回采工作面顶板疏水诱发冲击地压机理为:当富水区疏水诱发的集中应力与自重应力、回采工作面超前支承压力等集中应力叠加总和超过冲击地压的临界应力时,回采工作面易发生冲击。工作面过富水区时,将经历五个阶段,其中工作面回采至富水区两侧边缘时发生冲击危险较大,其次为富水区外,最后为富水区下方。

(3) 冲击地压、矿山压力致灾机理耦合分析

冲击地压经典机理可以分为两类:压力型(静载)和震动型(动载),相应的研究出发点与侧重点可以分为三类:一是从研究煤岩体的物理力学性质出发,分析煤岩体失稳破坏特点以及诱使其失稳的固有因素;二是研究地质构造,分析地质弱面和煤岩体几何结构与冲击地压之间的相互关系;三是研究工程扰动对煤岩体破坏及冲击地压发生的作用机理。目前对压力型冲击地压机理、影响因素研究较多,认识更为统一,而关于震动型冲击地压的研究则较少。然而,通过近几年的统计,以及随着微震监测系统的应用,相对于压力型冲击,现场震动型冲击地压其实更为普遍,尤其是顶板破断与结构失稳造成的压力-震动复合型冲击地压,这种复合型冲击地压破坏力强、影响范围广,预防难度大。覆岩关键层空间结构"⊗"→"F"→"T"的形成演化与失稳,采空区范围的扩大,都将导致冲击震动的增多,以及随采深加大静应力

也增大,冲击地压更容易发生。因此,煤矿覆岩结构失稳诱发冲击地压的本质是复合型冲击地压,如图 5-6 所示。

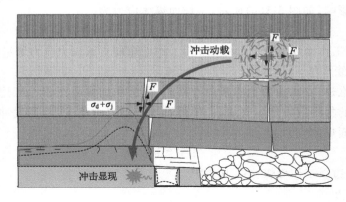

图 5-6　压力-震动复合型冲击地压发生过程

　　冲击地压、矿压耦合灾害可总结为覆岩空间结构破断、覆岩结构失稳等释放的动载(能量)对工作面冲击地压影响。以下将从覆岩空间结构破断对煤体应力影响方面进行分析。

　　① 覆岩空间结构破断对煤体应力影响分析

　　a. "⊗"结构破断对煤体应力影响

　　工作面前方煤体中支承压力的来源是上覆岩层的载荷,支承压力曲线的分布形式与规律则是上覆岩层与煤体本构关系共同作用的结果。随着工作面的推进,支承压力的峰值与影响范围会发生变化,引起这种变化的最主要原因是上覆各关键层变形、破断与来压。煤层作为上覆岩层的支撑体,如果简化为弹性地基,则煤层中垂直应力与其变形量呈正比,也即与顶板的变形量呈正比。煤壁端承受着回采工作空间上方悬露岩层大部分重量,应力集中系数可达到 3 以上。当基本顶处于稳定连续的变形状态时,煤层支承压力峰值将不断升高,而当基本顶发生破断以后,支承压力将会发生突变,因此,煤壁前方支承压力分布将随着基本顶状态的变化而动态变化。由第 3 章数值模拟可以看出,不管工作面宽度如何、处于何种空间分布状态,从开切眼开始,随着推进度的加大,顶板悬露面积扩大,支承压力峰值加大,达到最大值后,应力集中系数开始下降,随之呈波动性变化,体现了上覆关键层的周期来压,如图 5-7 所示。

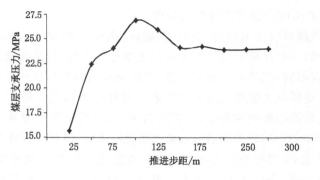

图 5-7　"⊗"结构对煤层支承压力影响

b. "F"结构破断对煤体应力影响

"F"结构的稳定性主要受离层结构区中关键岩块的控制,在转角 θ_1 较小时可能形成滑落失稳,在转角 θ_1 较大时,铰接点挤压破碎形成转动失稳,即服从"S-R"稳定理论。以往多以关键块为研究对象,对结构平衡条件研究非常多,而对平衡结构对煤体的作用研究不多。如图 5-8 所示为"F"结构关键块受力分析图。

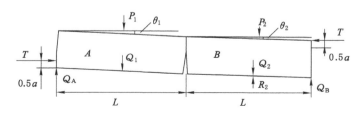

图 5-8　"F"结构关键块受力分析

工作面前方煤壁受到岩块水平挤压力 T 和垂直摩擦剪力 Q_A,如式(5-16)、式(5-17)所示:

$$T = \frac{P_1 + Q_1}{i - \frac{1}{2}\sin\theta_1} \tag{5-16}$$

$$Q_A = \frac{4i - 3\sin\theta_1}{4i - 2\sin\theta_1}(P_1 + Q_1) \tag{5-17}$$

式中,i 为岩块的厚度 h 和长度 L 之比;θ_1 为岩块的转角;P_1 为关键块 A 上的载荷;Q_1 为关键块 A 的自重。

由式(5-16)、式(5-17)知,岩块对煤壁作用力随上覆载荷 P_1 增加而增大,同时受岩块 A 的转角 θ_1 以及块度 i 的影响。图 5-9 所示为块度 i 分别为 0.1、0.2、0.3 时,关键块对煤壁正上方垂直向和水平向作用力 Q_A、T 与载荷 P_1 的关系。可以看出,随着关键块载荷增加,Q_A、T 均线性增大,在载荷增加过程中关键块产生转动直至发生转动变形失稳;随 θ_1 增大,Q_A 逐渐减小,T 急剧增大。关键块承受的载荷 P_1 增大过程中,煤壁受到关键块的载荷 Q_A、T 均先增大,到关键块失稳时 Q_A、T 发生突降或消失,失稳岩层将作为载荷对下一层岩层结构加载。各岩层对煤壁产生水平向和竖直向的加卸载作用,且随着失稳的岩层越来越靠近煤层,加卸载作用对煤壁附近影响更为剧烈。此过程中工作面前方煤体受力状态为水平和竖直方向循环载荷逐步增大的循环加载过程。在此过程中煤体损伤逐步积累,稳定性逐步下降,而煤体载荷逐渐增大,当载荷超过煤体稳定极限载荷时,在巷道及工作面自由空间将产生冲击地压灾害。

② 覆岩结构变形破断过程中能量分析

上覆各关键层在破断和失稳垮落的过程中,一方面会引起下方煤岩体应力明显升高;另一方面聚集在煤岩体中的弹性能与关键层断裂破坏释放的能量相互叠加,引起大规模的矿震或冲击地压。上覆关键层结构存在主动与被动失稳,因此,考虑最危险的情况,即关键层主动失稳后会导致下方岩层结构的被动失稳,则关键层释放的能量为:

$$U = \iiint\limits_V U_1 \mathrm{d}V = \iiint\limits_V \sum_{i=1}^{n}\left(U_{Vi} + \frac{1}{2}\rho_i\left(\frac{\mathrm{d}u_i}{\mathrm{d}t}\right)^2 + \rho_i g u_i\right)\mathrm{d}V \tag{5-18}$$

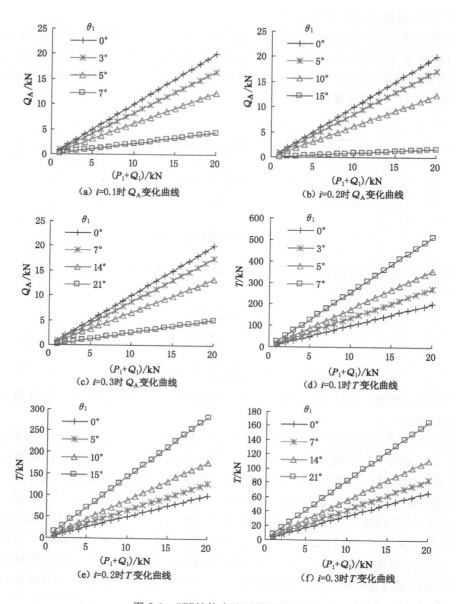

图 5-9 "F"结构失稳对煤壁作用力

式中，n 为随关键层破断岩层总数；u_i 为岩层运动的位移；U_V 为岩层中存储的弹性能，$U_V = \dfrac{(1-2\mu)(1+2\lambda)^2}{6E}\gamma^2 H^2$，其中 λ 为平均水平主应力与竖直应力比值；ρ_i 为第 i 岩层密度；g 为重力加速度。

公式中右边第一项为顶板岩层弹性能；第二项表示顶板破断过程中的动能；第三项为破断后结构失稳向下运动的重力势能。因此，当覆岩运动向上发展至高层位关键层时，高层位关键层发生断裂，并且不能满足稳定性条件，主动失稳的同时，造成下位关键层结构被动失稳，这种大范围覆岩运动是冲击地压高危险期，也是冲击地压监测预警的重点关注期。应该首先分析岩层结构,判断稳定性,并结合微震监测系统,通过监测震源的空间发展过程,评价覆岩的破断程度与发展趋势,从而判断冲击地压危险性。

③ 顶板覆岩破断失稳诱发冲击机理

由以上分析可知,顶板覆岩在变形破断过程中会增加煤体中的应力、能量,会造成煤体的层裂、冲击与共振,这些因素与煤体的静载应力场以及弹性能场叠加后,满足了冲击地压发生的条件即会造成煤岩体的冲击破坏。实际上,覆岩顶板的每一个单项影响对冲击地压的发生都具有重要影响。因此,建立一个综合函数来表示各影响因素对冲击地压的作用:

$$F(K) = F(\sigma, E, I) = F(K_1, K_2, K_3) \tag{5-19}$$

式中,应力因素 $F(\sigma)$,用 $F(K_1)$ 表示;能量因素 $F(E)$,用 $F(K_2)$ 表示;震动波冲击因素 $F(I)$,用 $F(K_3)$ 表示。

令当 $F(K) > 1$ 时,表示发生冲击地压;当 $0 \leqslant F(K) < 1$ 时,表示不会发生冲击地压;$F(K) = 1$ 为临界状态。$F(K)$ 值的大小反映了在顶板覆岩结构失稳的作用下,是煤体发生冲击地压的判据与程度。

$K_i (i=1,2,3)$ 表示冲击发生的应力系数、能量系数与震动冲击系数,分别代表了冲击地压机理的强度理论、能量理论以及震动冲击效应。其中,$K_i = 0$ 表示第 i 因素无影响;$0 < K_i < 1$ 表示第 i 因素影响下,煤体处于稳定阶段;$K_i = 1$ 表示第 i 因素达到了临界状态,是冲击地压的孕育与发展阶段;$K_i > 1$ 则表示在第 i 因素作用下,冲击地压会发生。

令 $F(K) = \max(K_i)$,$i = 1, 2, 3$。其中:

$$K_1 = \frac{\sum\limits_{j=1,2} \sigma_{j\max}}{R}, \quad K_2 = \frac{\sum\limits_{j=1,2} E_{jE} - \sum E_p}{E_{K\min}}, \quad K_3 = \frac{\omega}{\omega_0} \tag{5-20}$$

式中,$\sigma_{j\max}$ 为煤体中应力最大值。$\sigma_{1\max}$ 为静载应力最大值。$\sigma_{2\max}$ 为外部动载最大值。注意:$\sigma_{1\max}$ 与 $\sigma_{2\max}$ 为矢量叠加。因此,$\sigma_{2\max}$ 是使矢量叠加达到最大的动载荷分量。R 为发生冲击地压的临界应力,安全起见,一般令 R 为煤体的强度。E_{jE} 为煤体与围岩系统存储的弹性能与覆岩震动弹性能之和。E_p 为阻止煤体破坏消耗的能量,包括克服摩擦内能、塑性变形耗散能、各种辐射能等。$E_{k\min}$ 为煤体冲击破坏所应具备的最低动能。单位体积的煤体,$E_{k\min} = \frac{1}{2}\rho v_0^2$,研究表明,煤体速度 $v_k < 1$ m/s 时,不可能发生冲击地压。$v_k \geqslant 10$ m/s 一定是冲击地压,因此,$1 < v_0 \leqslant 10$ m/s。ω 为覆岩震动波的优势频率,为一范围。ω_0 为煤层中板结构固有频率。

对于 K_3 而言,若 $\omega > \omega_0$,说明顶板覆岩震动频率高于煤层层裂板频率,$K_3 = 0$。根据地震学理论,一般岩体破裂尺度越小,频率越高,则能量越小,即可以忽略其对煤体的影响。顶板覆岩震动波对煤体的作用有致裂、冲击、闭锁、共振四个方面的影响,而 K_3 只包括了共振方面的影响,实际上前三个方面的影响已经包含在 K_1、K_2 中。因此,K_1、K_2、K_3 包含了覆岩失稳诱发复合型冲击地压的最主要影响因素。

将式(5-19)代入(5-20)可得:

$$F(K) = F(K_1, K_2, K_3) = 1 - (1 - K_1)(1 - K_2)(1 - K_3) = 1 - \prod_{i=1}^{3}(1 - K_i)$$

$$= 1 - \left(1 - \frac{\sum\limits_{j=1,2} \sigma_{j\max}}{R}\right)\left(1 - \frac{\sum\limits_{j=1,2} E_{jE} - \sum E_p}{E_{k\min}}\right)\left(1 - \frac{\omega}{\omega_0}\right) \tag{5-21}$$

由此可见,对于覆岩运动失稳造成的复合型冲击地压,其发生机理可以是应力、能量与冲击波单独作用,也可以是两种及以上形式的复合作用。式(5-21)包含了冲击地压发生的充分必要条件。

实际上,冲击地压发生机理十分复杂,各影响因素之间有时是相互联系、相互作用或相互包含的,并不是相互的独立事件,但是,复杂事件的机理研究,应该首先抓主要矛盾,然后再看次要矛盾。从以上分析总结复合型冲击地压的机理如下:

(1)采深、地质构造、顶板变形的影响使采掘周围煤体静载应力高度集中,当达到冲击地压发生的临界应力后,煤体呈冲击式破坏,冲击地压发生。

(2)煤体静载应力集中程度较高,但是尚未超过煤岩体极限强度,顶板覆岩破断与失稳过冲中所产生的震动波的动载与静载叠加后超过煤岩体强度,从而导致煤岩体冲击破坏,冲击动载起到了诱发作用。

(3)煤体静载应力集中程度不高,但覆岩震动波能量大,当震动波传播至煤体后,经过致裂、冲击作用后,导致煤岩体突然动态冲击破坏,冲击动载起到了主导作用。

(4)不管冲击过程中静载主导-动载诱发模式,还是动载主导冲击模式,从能量角度考虑,均可解释为煤岩体中的弹性能与覆岩震动能叠加后,一部分消耗于破坏煤岩体,一部分辐射耗散,而另外一部分则转化为煤体的动能,当煤体的震动速度达到冲击地压的临界值后,即发生冲击显现。

(5)煤体在高静载应力场作用下,形成了一系列的层裂板结构,层裂板尚能够保持稳定,在震动波作用,层裂板发生共振失稳,导致系统的极短时间内整体性失稳,表现为冲击地压。

5.2 新庄煤矿主要复合灾害防治措施

5.2.1 矿井动力灾害防治机理

(1)冲击地压防治机理

防治冲击地压,本质上就是控制煤岩体的应力状态或降低煤岩体高应力的产生。从生产实际出发,冲击地压的防治包括两类:一类是区域防范方法,另一类是局部解危方法。代表性的区域防范方法包括选择合理开拓开采布置和保护层开采等,局部解危方法包括煤层注水、煤层大直径钻孔卸压、煤层卸压爆破、顶板深孔爆破、顶板水压致裂与定向水压致裂技术等。这些局部解危方法已在我国大部分冲击地压矿井得到了推广应用,而作为区域防范方法,保护层开采方法在适合条件的矿井得到了应用,而选择合理开拓开采布置方法在传统的冲击地压矿井生产中得到了一定的应用。

① 区域防范方法

《防治煤矿冲击地压细则》第五十七条至第六十六条,规定了冲击地压矿井应采取的区域防范措施内容。

a. 合理开拓开采布置

初期的工作面开采方式、煤柱留设等不合理往往会造成工作面附近形成局部应力高度集中,导致煤岩体内积聚大量的弹性能,易发生冲击地压事故。因此冲击地压煤层开采应保证：(a) 采区开采顺序合理，避免出现遗留煤柱和岛形煤柱；(b) 采区内部工作面同方向推进；(c) 开拓或准备巷道、永久硐室、上下山等布置在底板岩层或无冲击危险煤层中；(d) 采用不留煤柱垮落法管理顶板的长壁开采法；(e) 工作面采用具有整体性和防护能力的可缩性支架。

b. 保护层开采

保护层开采是在煤层群开采条件下，首先开采无冲击危险性或冲击危险性较小的煤层，由于其采动影响，其他有冲击危险的煤层应力卸载，能降低采掘过程中发生冲击的可能性。实践表明，保护层开采是最有效的战略性措施，有冲击地压的主要国家，如苏联和波兰等，对这种方法的原理和实施参数进行了深入广泛的研究，取得了显著的应用效果。在我国冲击地压比较严重的矿井中，新汶华丰煤矿自 1992 年发生冲击地压以后，经过多年的深入研究和实践探索，通过实施保护层开采，实现了矿井冲击地压的有效防治，是我国冲击地压防治的典范。

② 局部解危方法

《防治煤矿冲击地压细则》第六十七条至第七十五条，规定了冲击地压矿井应采取的具体解危措施内容。

a. 煤层大直径钻孔卸压法

煤层大直径钻孔卸压技术是指在煤岩体内应力集中区域或可能形成应力集中的煤层中实施直径通常大于 100 mm 的钻孔，通过排出钻孔周围破坏区煤体变形或钻孔冲击所产生的大量煤粉，使钻孔周围煤体破坏区扩大，从而使钻孔周围一定区域煤岩体的应力集中程度下降或者高应力转移到煤岩体的深处，达到对局部煤岩体进行解危的目的。这种方法就是在煤岩体未形成高应力集中或不具有冲击危险之前，实施卸压钻孔，使煤岩体不再形成高应力集中或冲击危险区域。这种方法目前在我国几乎所有的冲击地压矿井都得到了推广应用，主要是在巷道掘进过程中实施或在支承压力影响区以外的工作面巷道中实施。当塌落区松散煤矿逐渐被压实时，各区域相对保持稳定，形成最终卸压区。

b. 顶板深孔断裂爆破法

坚硬厚顶板的存在是造成冲击地压发生的主要原因。顶板深孔断裂爆破技术就是通过在巷道中对顶板进行爆破，人为地切断顶板，促使采空区顶板冒落，削弱采空区与待采区之间的顶板连续性，减小顶板来压时的强度和冲击性，达到防治冲击地压的目的。此外，爆破可以改变顶板的力学特性，释放顶板所积聚的能量，从而达到防治冲击地压发生的目的。

c. 顶板水压致裂法和顶板定向水压致裂法

顶板水压致裂技术是处理顶板的一种方法，原理与顶板深孔爆破技术大体相同，只不过顶板深孔爆破技术使用的是炸药，炸药的爆轰使顶板断裂或破碎，而顶板水压致裂技术是顶板在高压水的作用下产生裂隙并扩展，甚至断裂，从而使顶板的应力状态发生改变。顶板定向水压致裂技术与顶板水压致裂技术最大的不同就是能够人为控制顶板的断裂位置。

d. 煤体卸压爆破法

煤体卸压爆破包括巷帮煤体爆破、超前煤体爆破等不同形式的布置在煤体中的爆破卸压，是对已形成冲击危险的煤体，用爆破方法降低其应力集中程度的一种解危措施，属于震动卸压爆破。根据煤岩体的强度弱化减冲理论，煤体卸压爆破可以达到以下两个作用：一是局部解除冲击地压发生的强度条件和能量条件，即在有冲击地压危险的工作面卸压和在近煤壁一定宽度的条带内破坏煤的结构,改变煤层的物理力学特性,降低煤体的强度、煤体的冲击倾向性,使它不能积聚弹性能或达不到威胁安全的程度,这样在工作面前方形成一条卸压保护带,隔绝了工作空间与处于煤层深处的高应力区,并且提高了发生冲击地压的最小能量水平;二是煤层卸载爆破后,煤岩体的承载能力降低,应力重新分布,形成卸载区域,支承压力高峰值向煤体深部转移,减弱或消除煤体的冲击危险性。

(2)瓦斯突出防治机理

煤与瓦斯突出是煤矿动力现象之一,经过数十年的科学研究和煤矿生产实践,基本形成了以区域综合防突措施为主、局部综合防突措施为辅的"双四位一体"防突技术体系。我国防突工作坚持执行"区域防突措施先行、局部防突措施补充"的原则,使防突工作关口前移。区域防突措施主要有开采保护层和预抽煤层瓦斯。区域防突措施应优先采用开采保护层,或者在开采保护层的前提下将预抽煤层瓦斯作为辅助手段结合使用。局部防突措施主要有预抽瓦斯、排放钻孔、松动爆破及水力冲孔等。

目前我国已形成了保护层结合瓦斯抽采综合防治突出成套技术,包括煤层群多重开采上保护层结合底板穿层钻孔抽采瓦斯、开采远距离下保护层和地面钻孔抽采瓦斯、特厚煤层开采首分层结合底板穿层钻孔或高抽巷抽采瓦斯等。同时高压水射流增透防突技术、高压自旋转射流割缝、高压脉冲水射流割缝、煤矿井下定向压裂增透消突技术等渐趋成熟并得到了推广应用。

区域防突措施是指在突出煤层进行采掘前,对突出危险区煤层较大范围采取的防突措施。区域防突措施包括开采保护层和预抽煤层瓦斯两类。开采保护层分为上保护层和下保护层两种方式。

预抽煤层瓦斯区域防突措施可采用的方式有:地面井预抽煤层瓦斯、井下穿层钻孔或者顺层钻孔预抽区段煤层瓦斯、顺层钻孔或者穿层钻孔预抽回采区煤层瓦斯、穿层钻孔预抽井巷(含立、斜井,石门等)揭煤区域煤层瓦斯、穿层钻孔预抽煤巷条带煤层瓦斯、顺层钻孔预抽煤巷条带煤层瓦斯、定向长钻孔预抽煤巷条带煤层瓦斯等。

(3)矿井突水防治机理

根据煤矿存在的问题及工作面水文地质特征,防治水总体思路可归结为"探、防、疏、排、监"五字对策。

①"探":开展井下工作面钻探工作,对已经圈定的各类富水异常区,进行钻探验证,为制定相关防治水措施提供依据。

②"防":主要是在工作面回采过程中,特别是在工作面进入预测的有可能发育白垩系含水层的导水裂隙带范围内时,及时做好防范措施。施工地面直通式泄水钻孔破坏离层空间封闭性,缓慢疏放离层积水,防止离层水体瞬时突入工作面,确保工作面回采安全有序。

③"疏":对煤层顶板砂岩含水层及富水异常区进行疏放,并做好相关措施,实现安全回采。

④"排":建立完善的排水系统,进行定期检修及维护,确保工作面及煤矿具备一定的防灾抗灾能力,满足采掘工作面最大涌水量的排水需要,保证生产正常进行。

⑤"监":建立水文遥测系统,实时准确地监测地下主要威胁含水层水文变化情况,以初步为矿井提供水文基础数据,满足矿井生产需要。主要监测指标包括水位、水温,主要监测层位为白垩系洛河组含水层。

结合上述防治水五字对策,本次设计总体思路为:通过施工地面直通式泄水孔对离层水进行主动防治;积极施工地面水文观测孔,寻找工作面涌水与观测孔水位变化的相关关系;坚持物探富水异常区井下钻探验证,对富水异常区水进行预疏放;加强矿井涌水异常情况分析,预测可能出现的突水,并按要求启动水灾应急预案;加强工作面临时排水系统检修与维护,使工作面回采不受涌水、积水影响或者将涌水、积水影响降至最低。通过地面及井下相关工程,并辅以相应的技术及制度保障措施,最终确保工作面回采安全。

（4）矿压防治机理

覆岩空间结构失稳型冲击地压的本质是动静组合加载诱发的煤岩动力破坏,在覆岩"$\otimes$""F"结构形成与失稳过程中静载应力与动载应力场均达到最大,尤其是被动失稳,一次释放的能量大,动载荷强烈,受"F"结构影响的"F"与"T"空间结构工作面,不但静载高,同样动载强烈,从静载与动载两方面考虑,冲击危险性结构由强到弱为"T">"F">"$\otimes$",长壁结构的工作面静载小于短壁结构的,但是动载却显著大于短壁结构的。因此,矿压显现烈度与防治难度是按照"$\otimes$"→"F"→"T"逐渐增加的。必须根据不同覆岩结构,选取具有针对性的监测与治理方法,这样才能做到有的放矢,提高防治效率。

覆岩空间结构失稳型冲击地压,由于诱发因素为自身静载与外部动载,如果仅对煤体和顶板处理,虽然可以达到防冲的目的,但是当震动冲击能量高时,依然会发生冲击。所以,提出针对冲击的动力源与冲击发生的本体进行主动防治或被动避让技术,适当地对两者进行结合能够达到事半功倍的效果。我们将这种防治指导思想称为冲击地压弱化的主被动控制。

5.2.2　矿井动力灾害耦合防治方案

5.2.2.1　冲击地压、瓦斯动力灾害耦合防治

冲击地压、瓦斯动力灾害耦合防治综合治理思路如下:

① 区段煤柱设计需要综合考虑防冲与防瓦斯的需要

区段煤柱作为工作面之间留设的保护煤柱,其主要作用是隔离采空区。区段煤柱宽度决定着下一工作面沿空巷道的位置,不合理的煤柱留设容易造成煤柱及巷道侧应力集中,造成巷道底鼓、两帮变形等,甚至发生冲击地压灾害。从冲击地压防治方面考虑,一般将避开采动支承压力峰值作用范围作为确定沿空巷道位置或区段煤柱宽度的主要依据。具体措施包括留设大煤柱和小煤柱,留设大煤柱将不可避免地造成大量资源损失,一般优先考虑小煤柱护巷,但是小煤柱内裂隙发育,于通风、防瓦斯不利。

因此,综合考虑新庄煤矿实际条件,在区段煤柱留设上,考虑通风、防瓦斯,区段煤柱留设不宜过小,考虑到防冲要求,应避开采动支承压力峰值范围,需从防冲与"一通三防"协同治理角度出发,进一步开展区段煤柱优化设计研究工作,确定区段煤柱合理尺寸。

② 煤层卸压钻孔和瓦斯抽放孔的协同布置

工作面施工大直径瓦斯抽采钻孔不仅可以有效降低瓦斯压力和含量,也可以很好释放煤体中聚集的弹性能,消除高应力区。但在具体使用时,需要考虑其相互影响,避免钻孔间距过小或过大、封孔长度不足等影响抽放效果或导致卸压强度不能满足要求。因此,可使用大直径抽放孔(在一定程度上代替工作面大直径卸压钻孔),从而降低人力物力的损失。但仍需根据实践应用情况不断研究优化钻孔孔径、封孔长度及钻孔间距等参数,以达到瓦斯与

防冲协同治理目的。

③ 合理确定超高压水力割缝钻孔布置参数

超高压水力割缝钻孔不仅能增大抽放半径,增加瓦斯抽放量和抽放效果,同时具有良好的煤层卸压效果,因此在布置超高压水力割缝钻孔时候综合考虑煤层卸压,在冲击危险性较大的煤层地段适当多布置一些水力割缝钻孔,兼具煤层瓦斯抽放和煤层卸压的作用。

④ 防止产生火花引起瓦斯燃烧或爆炸

瓦斯燃烧或爆炸,只需要一定浓度的氧气、瓦斯、点火源,井下巷道氧气充足,具备条件。因此必须严格控制火源与瓦斯浓度。冲击地压危险区域,电气设备要可靠固定,设备、管路等采取固定措施,加强瓦斯检查,确保监控有效,避免瓦斯积聚或超限,降低发生次生灾害的可能性。

(1) 区域耦合防治方案

① 保护层开采

《防治煤矿冲击地压细则》第六十二条规定:应当根据煤层层间距、煤层厚度、煤层及顶底板的冲击倾向性等情况综合考虑保护层开采的可行性,具备条件的,必须开采保护层。优先开采无冲击地压危险或弱冲击地压危险的煤层,有效减弱被保护煤层的冲击危险性。

《防治煤与瓦斯突出细则》第六十一条规定:具备开采保护层条件的突出危险区,必须开采保护层。选择保护层应当遵循下列原则:

a. 优先选择无突出危险的煤层作为保护层。矿井中所有煤层都有突出危险时,应当选择突出危险程度较小的煤层作为保护层。

b. 当煤层群中有几个煤层都可作为保护层时,优先开采保护效果最好的煤层。

c. 优先选择上保护层。选择下保护层开采时,不得破坏被保护层的开采条件。

新庄煤矿为多煤层开采,目前主采8煤和5-1、5-2煤煤层,煤8层与上部煤5-2层间距为1.66~58.41 m,平均间距为25 m。5煤、8煤煤层经鉴定均具有弱冲击倾向性。矿井设计先开采5-1、5-2煤层,从而形成保护层,对后期煤8层的开采起到"降压、减震、吸能"的作用,同时可以对8煤瓦斯抽放起到保护层作用。

② 采煤方法

《防治煤矿冲击地压细则》第六十五条规定,冲击地压煤层应当采用长壁综合机械化采煤方法。

《防治煤与瓦斯突出细则》第二十七条规定,突出煤层的采掘作业应当遵守下列规定:严禁采用水力采煤法、倒台阶采煤法或者其他非正规采煤法。

采煤方法不同、巷道布置形式不同、顶板管理方法不同,煤岩体在掘进和回采过程中矿山压力及其分布规律也显著不同,发生冲击地压的危险性也各异。近年来,部分矿区的开采实践表明,随着开采区段数量的增加,冲击地压发生的数量和强度急剧增长,综采放顶煤对冲击地压的发生有一定的减弱作用。

根据天地科技股份有限公司开采设计事业部出具的《新庄煤矿煤8层首采盘区冲击地压防治设计》对新庄煤矿采煤方法及采煤工艺的建议可知:对煤层厚度7.0 m以上区域宜采用综合机械化放顶煤开采;对煤层厚度为3.5~7.0 m的宜采用综合机械化大采高一次采全高采煤法,全部垮落法管理顶板。

③ 开采顺序

《煤矿安全规定》第二百三十一条和《防治煤矿冲击地压细则》第二十七条规定:开采冲击地压煤层时,在应力集中区内不得布置 2 个工作面同时进行采掘作业。2 个掘进工作面之间的距离小于 150 m 时,采煤工作面与掘进工作面之间的距离小于 350 m 时,2 个采煤工作面之间的距离小于 500 m 时,必须停止其中一个工作面。相邻矿井、相邻采区之间应当避免开采相互影响。

从目前接续情况看,新庄煤矿前期可避免采掘相向问题,但对于后期开采可能出现采掘相向问题,届时应该停止一个工作面开采或者通过调整两工作面推进速度,最大限度地避免采掘相向扰动问题。

另外,根据《防治煤矿冲击地压细则》第三十一条和第六十条相关规定,采区内工作面开采过程中应该尽量避免跳采而形成孤岛工作面,采用顺序开采可以有效地缓解应力集中现象。故后续工作面应按照顺序依次回采,从而降低由开采顺序原因所导致的高冲击危险性。

（2）局部耦合防治方案

① 超前钻抽采（卸压）孔

工作面前探钻孔卸压可以有效降低瓦斯压力和瓦斯含量,增大工作面发生突出的难度。同时,采用煤体钻孔可以释放煤体中聚集的弹性能,消除应力升高区。

采前预抽钻孔一定程度上能够代替工作面大直径卸压钻孔,如在工作面划分结果为弱、中等危险区域,即可用瓦斯采前预抽钻孔进行卸压（抽采）,而对划分结果为强冲击危险的区域,则需进行大直径钻孔卸压,进一步对煤体完整性进行破坏,以达到卸压目的。采前预抽钻孔参数的合理设计,可以降低人力、物力的损失。

② 煤层注水

大量的研究表明,煤系地层岩层的单向抗压强度随着其含水量的增加而降低,煤的弹性模量与冲击倾向指数也随煤湿度的增加而降低。

对于瓦斯煤层,游离瓦斯从裂隙中被抽出后,降低了煤层瓦斯压力,打破了煤与瓦斯吸附-解吸的动平衡状态,吸附瓦斯从煤体颗粒表面大量解吸,造成煤体强度和弹性模量的增大,并使原来由瓦斯承受的压力转移到煤体骨架上,提高了煤体的有效应力,煤体内积聚的弹性能增加。因此,采取煤层注水措施,可使煤体得到软化,降低其内积聚的弹性能。

可利用前探卸压钻孔作为注水孔,待采面孔打完并校检结束后,进行煤体注水。

设计注水量根据注水孔承担的湿润煤量计算:

$$Q = K \cdot T \cdot W/(100q) \tag{5-22}$$

式中　Q——一个注水孔的注水量,m^3;

q——水的密度,取 1 t/m^3;

K——富余系数,一般为 $1.2 \sim 1.5$;

T——一个注水孔承担的湿润煤量,t;

W——煤层注水后含水率增量,取 3%。

一个注水孔承担的湿润煤量计算:

$$T = L \cdot S \cdot M \cdot \gamma \tag{5-23}$$

式中　L——待注水煤体在钻孔轴向方向的尺寸,取钻孔深孔,m;

S——注水孔间距,m;

M——注水孔附近煤层平均厚度,m;

γ——煤的密度,t/m^3。

单孔实际注水量应不少于设计注水量,静压注水压力不小于 1.5 MPa,高压注水压力一般不小于 8 MPa。注水时随时观察煤壁,注水标准以注水时煤体相邻孔出水或煤壁渗水为止。利用直径 42～90 mm 水力驱动膨胀式封孔器对煤壁进行封孔注水,封孔深度不小于 10 m。

③ 煤体深孔爆破

a. 瓦斯的释放:破碎圈和松动圈形成以后,在煤体内形成了大量的裂缝和裂隙,增加了煤的透气性,在工作面前方,爆破带的轴向方向上,大量的瓦斯经由破碎圈和松动圈形成的裂缝和裂隙排出,使高压的瓦斯得以充分快速释放,降低了轴向方向上的瓦斯压力梯度。在径向方向上,由于地应力高值转移到了巷道两帮的深处,以及爆破影响范围内高压瓦斯排出,因此,在爆破影响范围内形成一个指向爆破孔中心的瓦斯流动场,这样爆破孔周边的瓦斯便由破碎圈和松动圈向外排出,降低了径向方向的瓦斯压力梯度。

b. 应力的转移:破碎圈和松动圈形成以后,在工作面的正前方向,煤体结构趋向均匀,应力重新分布,使应力集中带向纵深处的非爆破带转移,降低了爆破带轴向方向的应力梯度;在爆破带的径向方向上,处于高应力状态的松动煤体,将向破碎圈方向产生一定的"流变",煤层内的弹性潜能有充足的释放空间,使集中应力带向深处转移,降低了径向方向上的应力梯度。

c. 超前防护作用:由于卸压爆破具有孔深的特点,因此,实现了空间上的超前作用,使突出危险地点的地应力、瓦斯压力提前 2～4 d 时间得以超前释放。因此,卸压爆破实现了时间上的超前防护作用。

在具有突出危险煤体中,卸压爆破后,爆破带煤体结构趋于均匀,应力梯度降低;集中应力向煤体深部转移,避免了地应力突然释放激发突出;瓦斯的有效流动和排放,使瓦斯压力梯度降低,从而达到防止突出或降低突出强度的目的。同时,煤体应力集中程度降低,达到防治冲击地压的目的。

5.2.2.2 冲击地压、矿井突水耦合防治

工作面采高不同,煤岩体在回采过程中矿山压力及其分布规律也显著不同,发生冲击地压的危险性也各异。一般来说,工作面采高越高,其覆岩破断运动程度越高,带来的冲击危险性越高。同时,在防治矿井水方面,采高越高,其导水裂隙带发育越高,顶板充水量越高,带来的工作面淋水(突水)可能性越大。因此,冲击地压、矿井水害区域耦合防治上主要就是控制开采高度及开采尺度。

新庄煤矿属于新生产矿井,暂未形成采空区,且煤矿将采用跳采方式,未来三年开采的工作面均不相邻,暂时不受采空区积水影响。新庄煤矿未来 3 年内主采 5 煤和 8 煤,煤层开采后,顶板冒落,上覆岩石产生裂隙,成为上覆含水层水进入矿井的通道。

由于新庄煤矿暂未回采,根据邻近煤矿开采经验,自煤矿开采以来涌水事件主要发生在煤矿首采区的前几个工作面,前期突水较为频繁,后期突水频率逐渐降低,突水来源也从前期的延安-直罗含水层水变化为延安-直罗含水层水与洛河组含水层的混合水,至最终的洛河组含水层水。随着含水层的疏干,突水水量也有一个小-大-小的过程,2015 年以后基本未发生大的突水事件。这也间接说明,导水裂隙连通上部离层空间后,破坏了离层积水的形成条件,加之目前邻近煤矿新开工作面均采用地面导流式泄水孔技术,有效预防了工作面离层

积水涌突事故,离层积水对矿井充水的影响已经降低,邻近煤矿防治水工作的重心变为研究导水裂隙带发育的动态变化特征,预防洛河组含水层水对矿井充水的影响。新庄煤矿主采8 煤层,采用综采放顶煤开采工艺,裂采比取用邻近煤矿的观测值,考虑到水文地质条件的差异性,建议煤矿开采时加强"两带"高度观测,结合当前开采技术条件,查明煤层顶板"两带"发育高度,指导煤矿安全生产,防止突水事故的发生。

5.2.2.3　冲击地压、矿山压力耦合防治

冲击地压、矿山压力耦合防治治理思路如下:

① 重视卸压和支护协同作用

在巷道冲击地压局部防治中,支护和卸压是两项基本防冲措施。但单独强调卸压的作用,将可能破坏巷道支护质量(尤其是主动支护区),导致巷道整体稳定性下降,巷道变形加重,在发生高能震动或冲击地压时,容易诱发大面积冒顶,造成顶板灾害。而一味加大巷道支护强度,不仅带来巨大的支护成本,而且会对巷道围岩能量的正常释放起到一定的抑制作用,虽然能够抵抗较大的冲击动载,但在卸压不充分的条件下,其冲击强度更大,甚至具有毁灭性。

因此从防治冲击地压和顶板灾害来看,要从卸压和支护两个角度来实现两种灾害的协同治理,一方面,通过合理的卸压工艺及参数设计,在有效降低巷道围岩能量释放速率和强度的同时,尽可能减小对巷道支护的破坏;另一方面,通过合理的支护方式和参数设计,提高巷道表面围岩自身强度和抗冲击能力,降低冲击地压发生对井巷工程、设备及人员的威胁,同时避免强支护对围岩能量正常释放的抑制,以及大量被动支护对冲击巷道安全空间的影响。在进行实践过程中,应严格落实"以卸为主,以支为辅,卸-支双强"的协同防治原则。

② 合理设计放顶方案

在实施防冲治理工程时,应优先采用对巷道支护及围岩的破坏较小的卸压工艺,如采用水力切割来对煤体进行卸压,可大大减小卸压孔密度,在降低对巷道表面破坏的同时,能提高卸压效果,既降低了巷道冲击地压发生风险,也降低了巷道变形、片帮、冒顶等常规顶板灾害隐患。

③ 加强工作面支架管理

加强工作面支架管理,保证支架支护质量及支护强度,可显著降低工作面片帮、冒顶等顶板事故风险。同时,提高支架支护强度,使支架承担较大的顶板压力,能降低煤壁前方煤体应力集中程度,对巷道冲击地压防治有利。具体为:合理选择支架、加大支架初撑力和支护强度、及时带压移架等。

④ 避免或减少二次采动巷道

由于采掘接续的需要,在上工作面回采前或回采过程中,往往需要掘出部分或全部下一接续工作面的回采巷道,导致提前掘出来的巷道面临两个工作面的回采扰动,巷道损伤严重,在接续工作面回采期间,二次采动巷道面临的冲击地压和顶板灾害问题凸显。

因此,从冲击地压和顶板灾害协同治理角度考虑,应通过优化采掘接续与巷道布置,尽量避免形成二次采动巷道。当不得不采用时,应在上工作面超前支承压力影响至接续工作面已掘巷道之前,对巷道侧向顶板进行处理,以降低上工作面回采对接续工作面二次采动巷道的冲击地压和顶板影响程度。

本质上讲,冲击地压、矿压耦合灾害可总结为覆岩空间结构破断、覆岩结构失稳等释放

的动载（能量）对工作面冲击地压的影响，因此，冲击地压、矿压耦合防治可采用冲击地压局部防冲手段进行防治。

（1）工作面回采期间大直径钻孔卸压

工作面前方200 m范围是支承压力区，为冲击地压多发区域，也是防治的重点。参照国标《冲击地压测定、监测与防治方法 第10部分：煤层钻孔卸压防治方法》（GB/T 25217.10—2019），对回采工作面超前巷道两帮进行钻孔卸压方案设计。其中，卸压钻孔施工区域为通过冲击危险性评价确定的弱冲击危险区、中等冲击危险区、强冲击危险区。回采工作面卸压钻孔区域应覆盖工作面采动影响区域，且不小于200 m，在工作面前方两巷进行。

新庄煤矿煤8层工作面回采期间巷道钻孔卸压一般采用大直径钻孔卸压技术，在回采巷道两帮施工大直径钻孔，钻孔直径不小于150 mm，按回采期间工作面危险区域等级（强、中等、弱危险区域），钻孔间距取1~3 m。除首采工作面外工作面区段煤柱设计为5 m，回采工作面巷道区段煤柱侧不布置大直径钻孔，实体工作面侧孔深25 m，钻孔开孔位置位于巷道底板0.5~1.5 m位置，垂直于巷道帮部、平行于煤层层面进行施工，具体布置如图5-10所示。工作面回采期间，超前200 m区域已卸压，随着工作面不断回采在200 m以外范围施工大直径钻孔进行卸压。

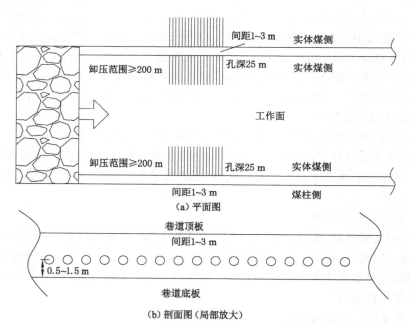

图5-10　回采工作面大直径钻孔卸压布置示意图

（2）回采期间底板钻孔卸压

对于布置在煤层中的巷道，工作面回采期间应在工作面超前巷道底板施工大直径钻孔对底煤进行卸压。设计两种施工方案，具体方案应根据新庄煤矿现场实际情况进行选择。

① 方案一

a. 对于弱危险区域，回采期间对工作面前方200 m范围实施底板大直径钻孔卸压，孔径不小于150 mm，每组1个钻孔，大直径钻孔间距为3 m，底板钻孔与水平夹角为60°，施工钻孔深度需要穿透底煤至底板岩层。当巷道内布置有带式输送机等设备影响钻机施工时，可根据现场情况适当选择开孔位置。

b. 对于中等危险区域，每隔 2 m 在掘进工作面底板施工大直径卸压钻孔；对于强危险区域，每隔 1 m 在掘进工作面底板施工大直径卸压钻孔，其他参数同上。当冲击危险解危效果不够明显时，可在原钻孔之间加大卸压孔密度，具体参数同上。

新庄煤矿回采工作面在弱冲击危险区域底板大直径钻孔卸压布置设计方案一如图 5-11 所示。

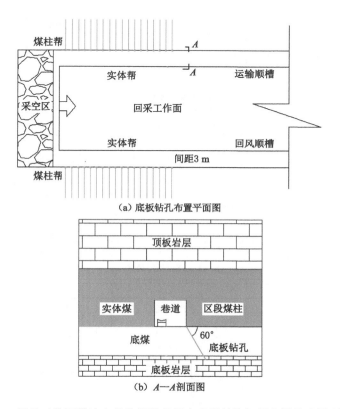

图 5-11　回采工作面弱冲击危险区域底板大直径钻孔卸压布置示意图（方案一）

② 方案二

a. 对于弱危险区域，回采期间对工作面前方 200 m 范围实施底板大直径钻孔卸压，孔径不小于 150 mm，每组 2 个钻孔，每组大直径钻孔间距为 3 m，底板钻孔与水平夹角为 60°，施工钻孔深度需要穿透底煤至底板岩层。当巷道内布置有带式输送机等设备影响钻机施工时，可根据现场情况适当选择开孔位置。

b. 对于中等危险区域，每隔 2 m 在掘进工作面底板施工大直径卸压钻孔；对于强危险区域，每隔 1 m 在掘进工作面底板施工大直径卸压钻孔，其他参数同上。当冲击危险解危效果不够明显时，可在原钻孔之间加大卸压孔密度，具体参数同上。

新庄煤矿回采工作面在弱冲击危险区域下底板大直径钻孔卸压布置设计方案二如图 5-12 所示。

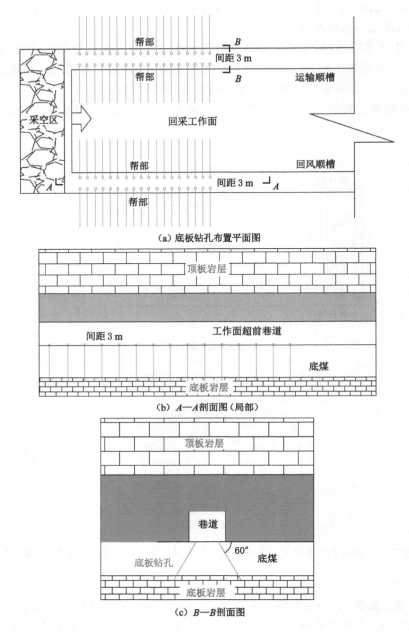

（a）底板钻孔布置平面图

（b）A—A剖面图（局部）

（c）B—B剖面图

图 5-12　回采工作面弱冲击危险区域底板大直径钻孔卸压布置示意图（方案二）

（3）顶板深孔爆破

顶板深孔爆破包括向工作面实体煤侧施工的倾向预裂爆破孔（控制顶板断裂步距）和临空侧平行于采空区的走向预裂爆破孔（处理采空区侧向悬顶）。顶板深孔爆破主要在工作面超前区域（不小于 150 m）施工顶板爆破钻孔，爆破孔开孔位置宜布置在巷道肩窝附近，爆破孔终孔位置应根据现场条件、关键层位置等综合确定（即可根据理论计算的关键层层位或根据微震定位的大能量矿震事件频发的层位确定），爆破孔深度应不小于 10 m。爆破孔直径为 42～100 mm,爆破孔排距为 5～10 m,封孔长度不应小于爆破孔深度的三分之一,且应不小于 5 m。具体布置如图 5-13 所示。

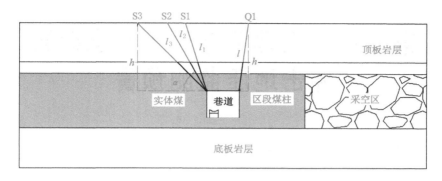

图 5-13　顶板深孔爆破卸压解危钻孔布置示意图

（4）顶板定向水力致裂

顶板定向水力致裂措施包括向工作面实体煤侧施工的倾向致裂孔（控制顶板断裂步距）和临空侧平行于采空区的走向致裂孔（处理采空区侧向悬顶）。施工致裂孔和观察孔,孔径为 42 mm,钻孔深度、倾角等技术参数应根据煤 8 层各个盘区工作面现场条件、关键层位置、爆破岩层层位等综合确定,观察孔深度比致裂孔深度较大,其布置如图 5-14 所示。

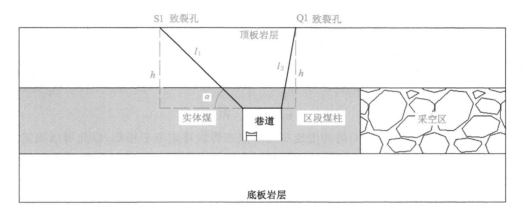

图 5-14　顶板定向水力致裂布置示意图

第6章 大埋深厚表土坚硬覆岩冲击地压监测预警

6.1 矿井冲击危险性预测

6.1.1 综合指数法

在分析已发生的冲击地压灾害的基础上,分析各种采矿地质因素对冲击地压发生的影响,确定各种因素的影响权重,然后将其综合起来,建立起冲击危险性评价和预测的综合指数法。这是一种宏观角度的评价方法,可用于对工作面冲击危险性进行评价,以便正确认识冲击地压对矿井生产的威胁。对于具有冲击危险性的矿井来说,在进行采区设计、工作面布置、采煤方法的选择等时,都要对该采区、煤层、水平或工作面进行冲击危险性评定工作,以便减少或消除冲击地压对矿井安全生产的威胁。冲击地压危险状态可通过分析岩体内的应力、岩体特性、煤层特征等地质因素和开采技术因素来确定。危险性指数分为地质因素评价的指数和开采技术因素评价的指数,综合两者来评价区域的冲击危险程度。

$$W_t = \max\{W_{t1}, W_{t2}\} \tag{6-1}$$

W_t 为煤层中某采掘工作面的冲击地压危险状态等级评定综合指数,以此可以确定冲击地压危险程度;W_{t1} 为根据地质因素对冲击地压的影响程度及冲击地压危险状态等级评定的指数,需考虑 7 项指标;W_{t2} 为根据开采技术因素对冲击地压的影响程度及冲击地压危险状态等级评定的指数,需考虑 11 项指标。

$$W_{t1} = \frac{\sum_{i=1}^{n_1} W_i}{\sum_{i=1}^{n_1} W_{imax}}, \quad W_{t2} = \frac{\sum_{i=1}^{n_2} W_i}{\sum_{i=1}^{n_2} W_{imax}} \tag{6-2}$$

式中,W_i 为第 i 个冲击地压影响因素的评估指数;W_{imax} 为第 i 个冲击地压影响因素的最大评估指数,n 为影响因素的个数。

根据得出的冲击地压危险状态等级评定综合指数,可将冲击地压的危险程度定量分为四个等级,分别为无、弱、中等、强冲击危险。根据冲击危险性分级不同,采取相应的防治对策,见表 6-1。

表 6-1　冲击地压危险综合指数、等级、状态及防治对策

危险等级 危险状态	综合指数	冲击地压危险防治对策
A:无冲击	$W_t \leqslant 0.25$	按无冲击地压危险采区管理,正常进行设计及生产作业
B:弱冲击	$0.25 < W_t \leqslant 0.5$	考虑冲击地压影响因素进行设计,还应满足: 1. 配备必要的监测检验、治理设备。 2. 制定监测和治理方案,作业中进行冲击地压危险监测、解危和效果检验
C:中等冲击	$0.5 < W_t \leqslant 0.75$	考虑冲击地压影响因素进行设计,合理选择巷道及硐室布置方案、工作面接替顺序;优化主要巷道及硐室的技术参数、支护方式、掘进速度、采煤工作面超前支护距离及方式等。还应满足: 1. 配备完备区域与局部的监测检验设备和治理装备。 2. 作业前对采煤工作面支承压力影响区、掘进煤层巷道迎头及后方的巷帮采取预卸压措施。 3. 设置人员限制区域,确定避灾路线。 4. 制定监测和治理方案,作业中进行冲击地压危险监测、解危和效果检验
D:强冲击	$W_t > 0.75$	考虑冲击地压影响因素进行设计,合理选择巷道及硐室布置方案、工作面接替顺序等;优化巷道及硐室技术参数、支护方式和掘进速度等;优化采煤工作面顶板支护、推进速度、超前支护距离及方式、采放煤高度等参数。还应满足: 1. 配备完备区域与局部的监测检验设备和治理装备。 2. 作业前对采煤工作面回采巷道、掘进煤层巷道迎头及后方的巷帮实施全面预卸压,经检验冲击地压危险解除后方可进行作业。 3. 制定监测和治理方案,作业中加强冲击地压危险的监测、解危和效果检验;监测对周边巷道、硐室等的扰动影响,并制定对应的治理措施。 4. 设置躲避硐室、人员限制区域,确定避灾路线。 5. 如果生产过程中,经充分采取监测及解危措施后,仍不能保证安全,应停止生产或重新设计

表 6-2 为地质因素对应的冲击地压危险指数评估表,将评价区域地质情况与表 6-2 对比,可得到评价区域各地质因素的评估指数,然后计算评价区域地质因素影响下的冲击地压危险指数 W_{t1}。

表 6-2　地质因素影响的冲击地压危险指数评价表

序号	影响因素	因素说明	因素分类	评估指数
1	W_1	同一水平煤层冲击地压发生历史次数 (n)	$n=0$	0
			$n=1$	1
			$n=2$	2
			$n \geqslant 3$	3

表 6-2(续)

序号	影响因素	因素说明	因素分类	评估指数
2	W_2	开采深度 h	$h \leqslant 400$ m	0
			400 m $< h \leqslant 600$ m	1
			600 m $< h \leqslant 800$ m	2
			$h > 800$ m	3
3	W_3	上覆裂隙带内坚硬厚层岩层距煤层的距离 d	$d > 100$ m	0
			50 m $< d \leqslant 100$ m	1
			20 m $< d \leqslant 50$ m	2
			$d \leqslant 20$ m	3
4	W_4	顶板岩层厚度特征参数 L_{st}	$L_{st} < 50$ m	0
			50 m $< L_{st} \leqslant 70$ m	1
			70 m $< L_{st} \leqslant 90$ m	2
			$L_{st} > 90$ m	3
5	W_5	开采区域内构造引起的应力增量与正常应力值之比 $\gamma = (\sigma_g - \sigma)/\sigma$	$\gamma \leqslant 10\%$	0
			$10\% < \gamma \leqslant 20\%$	1
			$20\% < \gamma \leqslant 30\%$	2
			$\gamma > 30\%$	3
6	W_6	煤的单轴抗压强度 R_c	$R_c \leqslant 10$ MPa	0
			10 MPa $< R_c \leqslant 14$ MPa	1
			14 MPa $< R_c \leqslant 20$ MPa	2
			$R_c > 20$ MPa	3
7	W_7	煤的弹性能指数 W_{ET}	$W_{ET} < 2$	0
			$2 \leqslant W_{ET} < 3.5$	1
			$3.5 \leqslant W_{ET} < 5$	2
			$W_{ET} \geqslant 5$	3
危险等级评价		$W_{t1} = \dfrac{\sum\limits_{i=1}^{n_1} W_i}{\sum\limits_{i=1}^{n_1} W_{i\max}}$	$W_{t1} \leqslant 0.25$	无冲击
			$0.25 < W_{t1} \leqslant 0.5$	弱冲击
			$0.5 < W_{t1} \leqslant 0.75$	中等冲击
			$W_{t1} > 0.75$	强冲击

表 6-3 为开采技术条件因素对应的冲击地压危险指数评估表。将评价区域开采技术条件因素与表 6-3 对比,可得到评价区域各开采技术条件因素的评估指数,然后根据式(6-2)计算开采技术条件因素影响下的冲击地压危险指数 W_{t2}。

表 6-3　开采技术因素影响的冲击地压危险指数评估表

序号	影响因素	因素说明	因素分类	评估指数
1	W_1	保护层的卸压程度	好	0
			中等	1
			一般	2
			很差	3
2	W_2	工作面距上保护层开采遗留的煤柱的水平距离 h_z	$h_z \geqslant 60$ m	0
			30 m$\leqslant h_z <$60 m	1
			0 m$\leqslant h_z <$30 m	2
			$h_z <$0 m(煤柱下方)	3
3	W_3	工作面与邻近采空区的关系	实体煤工作面	0
			一侧采空	1
			两侧采空	2
			三侧及以上采空	3
4	W_4	工作面长度 L_m	$L_m >$300 m	0
			150 m$\leqslant L_m <$300 m	1
			100 m$\leqslant L_m <$150 m	2
			$L_m <$100 m	3
5	W_5	区段煤柱宽度 d	$d \leqslant 3$ m,或 $d \geqslant 50$ m	0
			3 m$< d \leqslant$6 m	1
			6 m$< d \leqslant$10 m	2
			10 m$< d <$50 m	3
6	W_6	留底煤厚度 t_d	$t_d = 0$ m	0
			0 m$< t_d \leqslant$1 m	1
			1 m$< t_d \leqslant$2 m	2
			$t_d >$2 m	3
7	W_7	向采空区掘进的巷道,停掘位置与采空区的距离 L_{jc}	$L_{jc} \geqslant 150$ m	0
			100 m$\leqslant L_{jc} <$150 m	1
			50 m$\leqslant L_{jc} <$100 m	2
			$<$50 m	3
8	W_8	向采空区推进的工作面,停采线与采空区的距离 L_{mc}	$L_{mc} \geqslant 300$ m	0
			200 m$\leqslant L_{mc} <$300 m	1
			100 m$\leqslant L_{mc} <$200 m	2
			$L_{mc} <$100 m	3
9	W_9	向落差大于 3 m 的断层推进的工作面或巷道,工作面或迎头与断层的距离 L_d	$L_d \geqslant 100$ m	0
			50 m$\leqslant L_d <$100 m	1
			20 m$\leqslant L_d <$50 m	2
			$L_d <$20 m	3

表 6-3(续)

序号	影响因素	因素说明	因素分类	评估指数
10	W_{10}	向煤层倾角剧烈变化（＞15°）的向斜或背斜推进的工作面或巷道,工作面或迎头与之的距离 L_z	$L_z \geqslant 50$ m	0
			20 m$\leqslant L_z <$50 m	1
			10 m$\leqslant L_z <$20 m	2
			$L_z <$10 m	3
11	W_{11}	向煤层侵蚀、合层或厚度变化部分推进的工作面或巷道,接近煤层变化部分的距离 L_b	$L_b \geqslant 50$ m	0
			20 m$\leqslant L_b <$50 m	1
			10 m$\leqslant L_b <$20 m	2
			$L_b <$10 m	3
危险等级评估		$$W_{t2} = \frac{\sum\limits_{i=1}^{n_2} W_i}{\sum\limits_{i=1}^{n_2} W_{i\max}}$$	$W_{t2} \leqslant 0.25$	无冲击
			$0.25 < W_{t2} \leqslant 0.5$	弱冲击
			$0.5 < W_{t2} \leqslant 0.75$	中等冲击
			$W_{t2} > 0.75$	强冲击

6.1.2 多因素耦合分析法

多因素耦合分析法就是分析多个冲击地压影响因素的叠加影响作用,详细确定不同开采地段所具有的不同冲击地压危险等级,用于指导冲击地压危险预测、监测和治理工作。

这种方法是首先判断开采区域是否具有冲击地压危险。若该区域具有冲击地压危险,则使用多因素影响程度叠加法对区域内各个地段进行分区分级预测。主要是分析影响地段冲击地压危险的因素,根据各地段的实际情况对各个因素进行危险等级划分,叠加各个因素的危险等级,根据叠加结果预测该路段的最终危险等级。

影响冲击地压危险的因素包括:落差大于 3 m 小于 10 m 的断层影响、煤层倾角剧烈变化(大于 15°)的褶曲、煤层侵蚀与合层或厚度变化部分、顶底板岩性变化地段、上保护层开采遗留的煤柱下方、落差大于 10 m 的断层或断层群附近、向采空区推进的工作面在接近采空区的时候、"刀把"形等不规则工作面或多个工作面的开切眼及停采线不对齐等区域、巷道交岔区域附近、沿空巷道煤柱区域、工作面超前支承压力影响区、基本顶初次来压位置附近、工作面采空区"见方"区域、留底煤的影响区域、采掘扰动区域等。

根据多因素耦合分析法确定的危险等级分为无冲击危险、弱冲击危险、中等冲击危险和强冲击危险。当不同区域的最终危险等级确定后,采用不同图例和颜色标定在采掘工程平面图上。对不同区域的最终危险等级,可以采取不同的防治措施。对于强或中等冲击危险等级的区域,在工作面回采用前采用预卸压方式提前解危并加强防冲管理;对弱或无危险冲击等级的地段,在工作面回采过程中根据监测结果采取有针对性的防治措施。

多因素耦合分析法为一般性冲击地压的预测方法,特殊情况下应根据实际条件经技术、理论分析或专家论证确定危险等级。

6.1.3　冲击危险性预测结果

（1）煤 8 层冲击危险性预测结果

① 冲击危险性评价结果

新庄煤矿煤 8 层一盘区、五盘区受工作面规划及煤 5 层的分布等影响，不存在保护层效应；二至四盘区暂未规划工作面，上方的煤 5 层可作为保护层进行开采，因此需要根据是否考虑煤 5 层的保护层作用计算煤 8 层的冲击危险等级。综合考虑煤 8 层地质因素和开采技术因素影响下的冲击地压危险指数见表 6-4。

表 6-4　新庄煤矿煤 8 层（五个盘区）冲击地压危险指数汇总

	一盘区	二盘区	三盘区	四盘区	五盘区
地质因素下冲击危险指数 W_{t1}	0.62	0.62	0.57	0.62	0.62
（不考虑保护层影响）开采技术因素下冲击危险指数 W_{t2}	0.11～0.41	0.11～0.41	0.11～0.41	0.11～0.41	0.11～0.41
（考虑保护层影响）开采技术因素下冲击危险指数 W_{t2}		0.09～0.42	0.09～0.42	0.09～0.42	
W_t	0.62	0.62	0.57	0.62	0.62

基于综合指数法，不管煤 5 层是否作为保护层开采，新庄煤矿煤 8 层的冲击地压危险指数的取值均为地质因素所确定的冲击危险指数，且保护层的存在对地质因素评定的冲击危险指数取值影响较小。新庄煤矿煤 8 层一盘区至五盘区冲击地压危险指数（表 6-5）分别为 0.62、0.62、0.57、0.62、0.62，均具有中等冲击危险。因此，新庄煤矿煤 8 层整体具有中等冲击危险。

表 6-5　煤 8 层一盘区冲击危险性综合评价结果

地质因素冲击地压危险指数	0.62
开采因素冲击地压危险指数	0.41
冲击地压危险性综合指数	0.62
冲击危险等级	中等冲击

② 冲击危险区域划分结果

煤 8 层中弱危险区域分布在受埋深小于 800 m 单独影响的区域，中等危险区域分布在受埋深介于 800～1 000 m 单独影响的区域；而煤 8 层中受埋深、底煤和地质构造（断层、褶曲）因素叠加后的区域，划分为强危险区域；受底煤、埋深因素叠加后的区域划分为强危险区域；受埋深、地质构造因素叠加后的区域划分为强危险区域，见图 6-1。

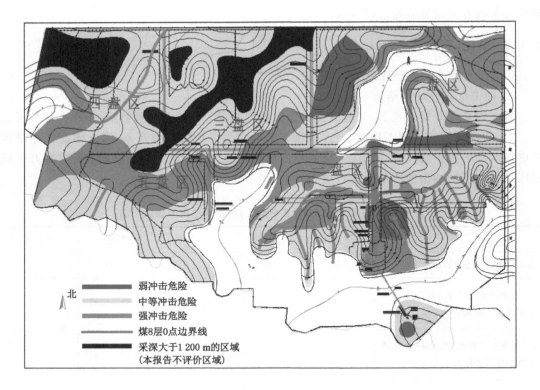

图 6-1　新庄煤矿煤 8 层冲击危险区域划分叠加结果(考虑保护层开采)

上述叠加结果是新庄煤矿二、三、四盘区的煤 8 层作为被保护层开采的情况下得出的,见图 6-1。

(2)煤 8 层一盘区冲击危险性预测结果

① 冲击危险性评价结果

通过对新庄煤矿煤 8 层一盘区冲击危险性评价可以发现,一盘区冲击地压危险指数为0.62,具有中等冲击危险。在工作面的掘进与回采期间,必须进行冲击地压的监测,并根据监测结果及现场情况采取积极主动的卸压措施。

② 冲击危险性评价结果

根据新庄开采设计情况和冲击危险因素的分析,确定新庄煤矿煤 8 层一盘区整体冲击危险等级为中等冲击危险。冲击危险性的主控因素如下:

a. 煤岩冲击倾向性。通过对煤 8 层及顶板的冲击倾向性鉴定知,煤层具有弱冲击倾向性。这也表明,在应力集中到一定程度时,煤 8 层煤岩系统具备发生冲击地压的能力,这也是矿井发生动力显现的内在原因。

b. 上覆基本顶厚度。煤 8 层一盘区基本顶为粗粒砂岩,半坚硬,且厚度均在 10 m 以上。顶板主要影响如下:顶板厚度较大且较为坚硬使得悬顶过大,其弯曲弹性能量积聚造成围岩集中静载荷增加;顶板一旦断裂,产生强烈动载,冲击波直接作用于煤岩体,诱发冲击。

c. 煤柱尺寸。目前一盘区工作面之间设计煤柱尺寸均为 25 m,从冲击地压案例统计来看,15~25 m 煤柱尺寸是煤柱型冲击地压发生较为频繁的主要原因之一。

　　d. 留设的厚底煤。当工作面及巷道留设较厚底煤时，其冲击危险性增加。邻近的胡家河煤矿、亭南煤矿、崔木煤矿等矿井在留设的厚底煤区域均发生过较大冲击显现，因此留设的厚底煤是冲击地压危险区域。

　　e. 地质构造。新庄煤矿一盘区内主要构造为褶曲，对生产影响较明显。另外，三维勘探发现部分断层，落差在 3 m 以上，受构造影响导致应力分布状态复杂，可能存在应力集中情况。另外断层面一般较为破碎，影响支护质量，造成抗冲击能力差，容易发生较大破坏。

　　根据以上对冲击地压危险性的多因素分析，以及不同影响因素对诱发冲击地压能力的情况，将所有危险区域及危险程度进行叠加，划定了新庄煤矿煤 8 层一盘区的冲击危险区。危险区域划分三类：弱危险区域、中等危险区域和强危险区。具体划分如图 6-2 中圈定区域。

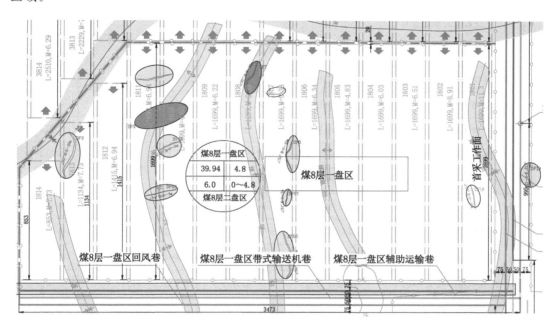

图 6-2　新庄煤矿煤 8 层一盘区主要冲击危险区域分布

（3）1802 工作面掘进期间冲击危险性预测结果

① 冲击危险性评价结果

根据新庄煤矿 1802 工作面掘进期间冲击危险指数按照评价方法的计算原则，取两种因素最大值，得到最终的评价结果，如表 6-6 所示。

表 6-6　1802 工作面掘进期间冲击危险性综合评价结果

地质因素冲击地压危险指数	0.619
开采因素冲击地压危险指数	0.500
冲击地压危险性综合指数	0.619
冲击危险等级	中等冲击

通过对新庄煤矿 1802 掘进工作面冲击危险性预评价可以发现,1802 工作面具有中等冲击危险。在工作面的掘进期间,必须进行冲击地压的监测,并根据监测结果及现场情况采取积极主动的卸压措施。

② 冲击危险区域划分结果

根据以上对冲击地压危险性的多因素分析,以及不同影响因素对诱发冲击地压能力的情况,将所有危险区域位置及危险程度进行叠加,将这些危险区域划分三类,分别为:弱冲击危险区、中等冲击危险区和强冲击危险区。1802 工作面掘进期间中等冲击危险区域划分如表 6-7 所示。

表 6-7　1802 工作面掘进期间中等冲击危险区域统计

序号	影响范围(以巷道与大巷交点为起始位置)	影响因素	危险程度
1	回风顺槽里程 0～110 m	煤层冲击倾向性、采深、底煤厚度、巷道交岔	中等冲击
2	回风顺槽里程 180～1 200 m	煤层冲击倾向性、采深、底煤厚度、乔家庙向斜	中等冲击
3	回风顺槽里程 1 610～1 670 m	煤层冲击倾向性、采深、底煤厚度、S4 向斜	中等冲击
4	回风顺槽里程 2 050～2 110 m	煤层冲击倾向性、采深、底煤厚度、S3 背斜	中等冲击
5	回风顺槽里程 2 675～2 775 m	煤层冲击倾向性、采深、底煤厚度、乔家庙向斜	中等冲击
6	回风顺槽里程 3 120～3 200 m	煤层冲击倾向性、采深、底煤厚度、煤层尖灭区	中等冲击
7	回风顺槽里程 3 590～3 670 m	煤层冲击倾向性、采深、底煤厚度、断层构造	中等冲击
8	回风顺槽里程 3 890～3 970 m	煤层冲击倾向性、采深、底煤厚度、断层构造	中等冲击
9	回风顺槽里程 4 100～4 143 m	煤层冲击倾向性、采深、底煤厚度、煤层尖灭区	中等冲击
10	运输顺槽里程 0～260 m	煤层冲击倾向性、采深、底煤厚度、巷道交岔、S6 向斜	中等冲击
11	运输顺槽里程 880～1 010 m	煤层冲击倾向性、采深、底煤厚度、巷道交岔、煤层尖灭区	中等冲击
12	运输顺槽里程 1 295～1 355 m	煤层冲击倾向性、采深、底煤厚度、巷道交岔、S5 背斜	中等冲击
13	运输顺槽里程 1 770～1 870 m	煤层冲击倾向性、地应力场、采深、断层、S4 向斜	中等冲击
14	运输顺槽里程 2 205～2 265 m	煤层冲击倾向性、地应力场、采深、断层、S3 背斜	中等冲击
15	运输顺槽里程 2 296～2 320 m	煤层冲击倾向性、采深、底煤厚度、巷道交岔、煤层尖灭区	中等冲击
16	运输顺槽里程 2 880～2 980 m	煤层冲击倾向性、采深、底煤厚度、乔家庙向斜	中等冲击
17	运输顺槽里程 3 313～3 393 m	煤层冲击倾向性、采深、底煤厚度、巷道交岔、煤层尖灭区	中等冲击
18	运输顺槽里程 3 610～3 690 m	煤层冲击倾向性、采深、底煤厚度、断层构造	中等冲击
19	切眼(运顺交岔口往里 70 m)	煤层冲击倾向性、采深、底煤厚度、煤层尖灭区	中等冲击
20	巷道贯通区域	煤层冲击倾向性、采深、底煤厚度、巷道贯通	中等冲击

除上述区域外,在掘进过程中,以下区域或阶段也具有较高的冲击危险,应作为中等冲击危险区域对待:

a. 巷道厚底煤留设区。1802 工作面所采煤层本身具有冲击倾向性,留设较厚底煤易积聚较高的弹性能,且底板缺乏支护,又有自由空间的存在,造成底煤冲击的危险性增加,对于底煤留设区域应采取底板卸压措施。

b. 在 1802 工作面存在巷道和硐室交叉区域。其应力分布较为复杂,使得该区域内的巷道围岩稳定性受到影响,对于硐室及巷道交叉点前后 20 m 范围应作为冲击危险区域进行管理,在掘进过程中加强冲击地压监测与防治工作。

c. 煤层厚度变化剧烈区域。由于 1802 工作面长度大,走向范围煤层厚度存在一定变化,尤其是随着巷道掘进,煤层出现变薄情况,应力可能会进一步增加。因此掘进期间应对煤层厚度进行探查,当发现厚度明显变化时,应作为中等危险区域采取防冲措施,如图 6-3 所示。

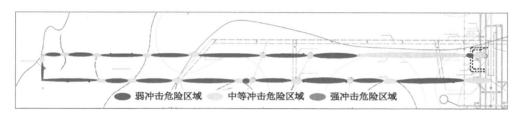

弱冲击危险区域　　中等冲击危险区域　　强冲击危险区域

图 6-3　新庄煤矿 1802 工作面掘进期间主要冲击危险区域

6.2　矿井冲击危险性监测预警

目前新庄煤矿煤 8 层中央大巷已基本掘进完成,目前主要的采掘活动主要集中于 1802 工作面两顺槽区域,因此本节主要针对现阶段的 1802 工作面掘进期间的监测情况进行分析。

6.2.1　微震监测技术及监测情况

（1）微震监测技术

《防治煤矿冲击地压细则》第四十七条规定,采用微震监测法进行区域监测时,微震监测系统的监测与布置应当覆盖矿井采掘区域,对微震信号进行远距离、实时、动态监测,并确定微震发生的时间、能量（震级）及三维空间坐标等参数。

微震监测法通过记录采掘过程中诱发的煤岩体破裂破断及震动所释放的能量,分析确定震动传播的方向,对震源位置进行准确定位和能量计算,并在此基础上,对冲击危险进行分区分级预测。如果在矿井的某区域内,在一定的时间内,已进行了微震监测,根据观测到的微震能量水平、震动位置变化规律,就可捕捉到冲击危险前兆信息,并进行冲击危险预警。

目前,新庄煤矿已安装 SOS 微震监测系统对冲击危险进行区域监测,该监测系统为波兰矿山研究总院研发,可实现对矿井包括冲击地压在内的矿震信号进行远距离（最大 13 km）、实时、动态、自动监测,给出冲击地压等矿震信号的完全波形。通过分析,可准确计算出能量大于 100 J 的震动及冲击地压发生的时间、能量及空间三维坐标,并将定位结果显示在矿区平面示意图上。可通过监测到的能量、频次及震源集中度等信息源对矿井冲击地压危险程度进行评价,能用于分析矿井上覆岩层的断裂信息,得出空间岩层结构运动和应力场的迁移演化规律,指导现场采取卸压措施治理冲击地压,为煤矿的安全生产服务。

以此微震监测系统为基础,可以对矿井冲击地压治理提出更丰富的防治手段:① 依据系统监测数据对矿井冲击危险进行震动波 CT 反演分析,有效指导现场防治工作;② 依据监测系统建立冲击地压监测预警平台,实现矿井冲击地压危险的实时预警,实现矿井冲击地压预警信息的远程实时发布,实现管理人员的远程实时监管。

(2) 微震系统布置

根据国标《冲击地压测定、监测与防治方法 第 4 部分:微震监测方法》(GB/T 25217.4—2019),微震监测系统的布置方案设计应注意以下几点:

① 应能覆盖矿井采掘区域。

② 应能覆盖经评价具有冲击危险性的区域。

③ 微震传感器(测点)位置应考虑垂直方向的立体布置,应能满足立体空间范围和定位误差的要求,避开围岩破碎、构造发育、渗水、较强震动干扰、较强电磁干扰等区域,安装基础稳定可靠。

根据《煤矿冲击地压防治监察监管指导手册》第二十四条的规定,微震定位时所用的传感器数量不少于 6 个。新庄煤矿根据当前采掘情况,主要把微震监测系统布置在中央大巷、井底车场、1802 工作面顺槽等区域,目前已布置 9 个拾震传感器,如图 6-4 所示。

(3) 微震监测情况

通过对新庄煤矿 1802 工作面顺槽掘进过程中掘进工作面生产活动中微震数据全天候监测和定位可以得出在掘进过程中围岩破坏状态。重点关注微震事件聚集区域,分析微震事件聚集原因,如采掘影响、断层影响、来压影响及工作面推进速度等。选取 1802 工作面区域内的 2021 年 12 月—2022 年 8 月期间的微震监测数据进行分析。

① 微震时空分布特征

所选时间段区域内共发生 3 807 次微震事件,微震分布情况如图 6-5 所示。微震事件分布具有明显的区域性特征,即受到地质构造和开采布局影响,不同区域微震事件密集程度、微震能量等级差异较大,如图 6-5(b)所示,微震事件在乔家庙向斜、S6 向斜附近处于异常密集状态,且该区域能量大于 10^3 J 的较多。

上述统计时间段内监测到大能量事件(>10^4 J)仅 1 次,该能级事件总能量占全部事件总能量的 0.32%;能量 $10^3 \sim 10^4$ J 的微震事件 1 621 次,占全部事件的 42.6%,该能级事件总能量占全部事件总能量的 90.98%;能量小于 10^3 J 的微震事件 2 185 次,占全部事件的57.4%,该能级事件总能量占全部事件总能量的 8.7%。可见,在 1802 工作面顺槽掘进期间整体微震活动程度相较于中央大巷掘进期间较低,微震事件以小于 10^3 J 中小能量事件为主,由于一次强微震事件释放的能量往往可抵数十次小能量事件释放能量的总和,因此震动频次的大小并不能代表微震强度的大小,且 $10^3 \sim 10^4$ J 的微震事件总能量占比极大,即1802 掘进工作面的微震强度与 10^3 J 以上的中大能量微震事件密切相关。

② 微震事件频次及能量与掘进进尺关系分析

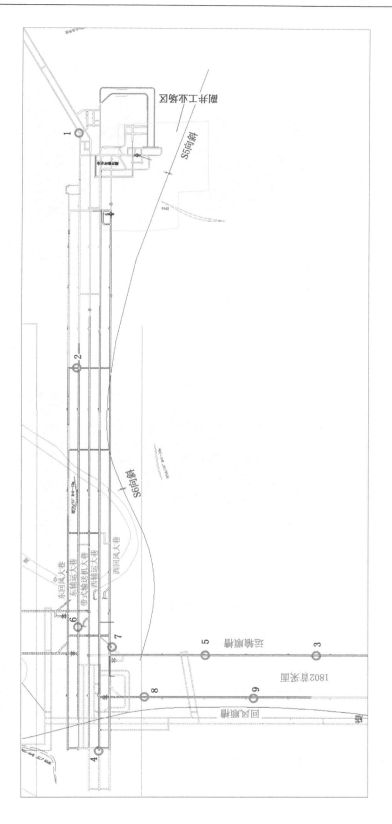

图6-4 新庄煤矿"煤8层中微震监测系统井下布置情况（2022年9月）

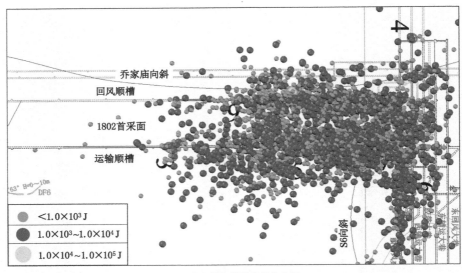

（a）全部能级微震事件分布图

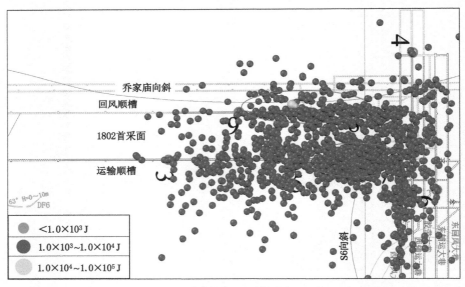

（b）能量大于10³ J的微震事件分布图

图 6-5 1802 工作面顺槽掘进期间微震事件分布图

图 6-6 为 1802 工作面 2022 年 7 月 22 日—2022 年 8 月 30 日期间日微震总频次、总能量与工作面日进尺关系图。可见，日微震总频次、总能量与工作面日进尺存在明显的线性关系，即随着日掘进速度的增加，日微震总频次、总能量也会随之上升，说明掘进速度加快后巷道围岩活跃性增加。

6.2.2 震动波 CT 反演技术及应用情况

（1）震动波 CT 反演技术

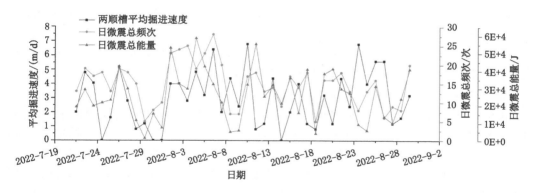

图 6-6　1802 工作面顺槽掘进期间微震事件总能量、频次与日进尺关系

　　震动波 CT 反演技术就是地震层析成像技术,是采矿地球物理方法之一。其工作原理是利用地震波射线对工作面的煤岩体进行透视,通过观测地震波走势和能量衰减参数,对工作面的煤岩体进行成像,如图 6-7 所示。地震波传播通过工作面煤岩体时,煤岩体上所受的应力越高,震动传播的速度就越快。通过震动波速的反演,可以确定工作面范围内的震动波速度场的分布规律;根据速度场的大小,可以确定工作面范围内应力场的大小,从而划分出高应力场和高冲击危险区域,为这种灾害的监测防治提供依据。

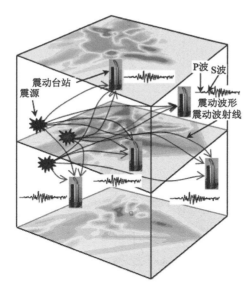

图 6-7　矿震层析成像技术探测示意图

　　实现工作面区域的震动波 CT 成像的方法为:在回采工作面的附近设置一系列检波器,当矿震发生后,这些检波器接收到震源发出的震动波,根据不同震源产生的震动波信号初始到达检波器的时间数据,重构和反演煤层速度场的分布规律。为此,在矿井 SOS 矿震监测系统监测数据的支持下,综合运用岩体力学、震动波理论、反演理论,可系统研究煤岩体内震动波速与应力的耦合关系,应用矿震震动波速的 CT 成像理论与技术反演煤岩体开挖过程中的应力分布特征,预测预报下一时段的冲击危险区域范围,其意义在于不仅能进一步缩小

实施安全管理措施的范围,更重要一点是能够指导制定弱化冲击危险灾害的控制措施。

(2)震动波 CT 反演监测情况

截至 2022 年 8 月,新庄煤矿共开展了 8 次震动波 CT 反演,其中从 2021 年 12 月至 2022 年 8 月对 1802 工作面顺槽掘进期间开展了 3 次。

① 2021 年 12 月 1 日—2022 年 4 月 8 日

如图 6-8 所示,根据反演结果可以分析得出,新庄矿 1802 工作面两顺槽掘进时波速异常指数 A_n 主要分布在 1802 工作面两顺槽掘进迎头,运输顺槽、大巷和 S6 向斜构造相互影响区域。异常值在空间的垂直分布主要体现在顶板层位上。总体危险程度以弱(波速异常指数:$-0.15 < A_n < 0.15$)为主。其中 1802 工作面掘进迎头周围应力集中程度较高;两顺槽部分区域邻近 S6 向斜轴部,加之靠近大巷,周围煤岩体受构造应力和煤柱影响较为明显,存在应力集中现象;1802 工作面两顺槽与泄水巷道交叉区域,容易产生应力集中。

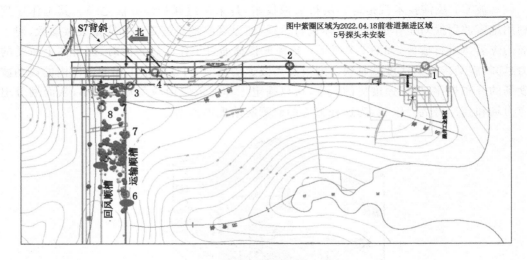

(a)震源分布图

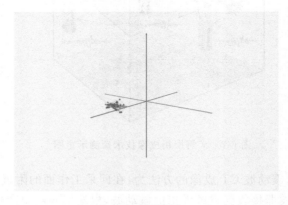

(b)反演射线覆盖图

图 6-8 2021 年 12 月 1 日—2022 年 4 月 8 日 CT 反演结果

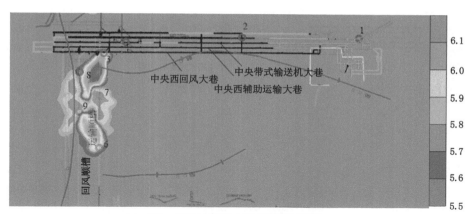

（c）+130 m标高波速场分布图（顺槽顶板层位）

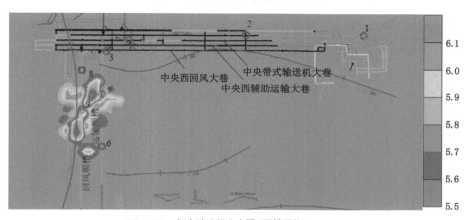

（d）+110 m标高波速场分布图（顺槽层位）

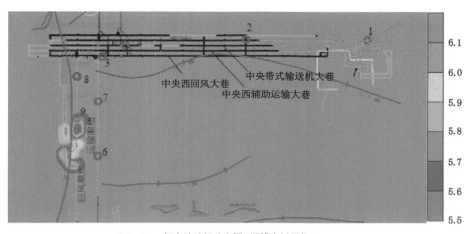

（e）+90 m标高波速场分布图（顺槽底板层位）

图 6-8（续）

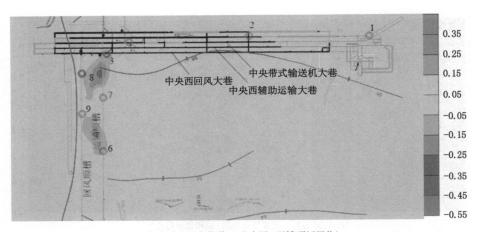

（f）+130 m标高波速异常指数A_n分布图（顺槽顶板层位）

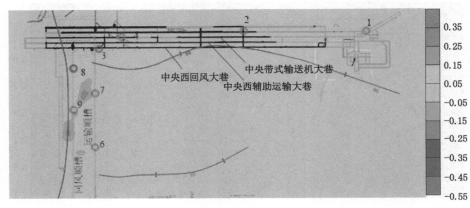

（g）+110 m标高波速异常指数A_n分布图（顺槽层位）

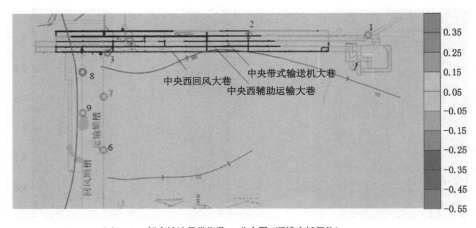

（h）+90 m标高波速异常指数A_n分布图（顺槽底板层位）

图6-8（续）

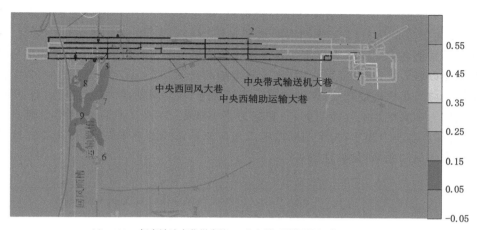

（i）+130 m标高波速变化梯度值VG分布图（顺槽顶板层位）

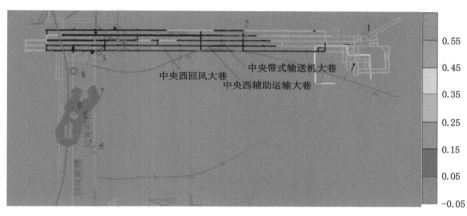

（j）+110 m标高波速变化梯度值VG分布图（顺槽层位）

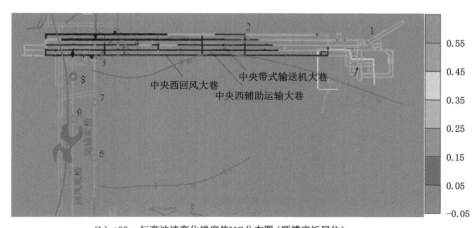

（k）+90 m标高波速变化梯度值VG分布图（顺槽底板层位）

图 6-8（续）

② 2022 年 4 月 20 日—2022 年 6 月 27 日

如图 6-9 所示，根据反演结果可以分析得出，新庄矿 1802 工作面两顺槽掘进时波速异常指数 A_n 主要分布在 1802 工作面两顺槽掘进头，顺槽、大巷、泄水巷等巷道交岔、巷道集中区域。异常值在空间的垂直分布主要体现在顺槽层位上，顶板、底板层位也相应分布。总体危险程度以弱为主，局部区域为中（波速异常指数：$-0.15 < A_n < 0.25$）。1802 工作面掘进迎头周围应力集中程度较高；两顺槽部分区域邻近 S6 向斜轴部，加之靠近大巷，周围煤岩体受构造应力和煤柱影响较为明显，存在应力集中现象；1802 工作面两顺槽与泄水巷道交岔区域，容易产生应力集中；由于两顺槽施工瓦斯抽采钻场及抽采钻孔，整个工作面施工区域整体煤岩体活动频繁，危险性较高。

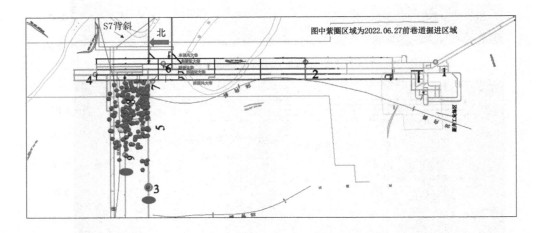

（a）震源分布图

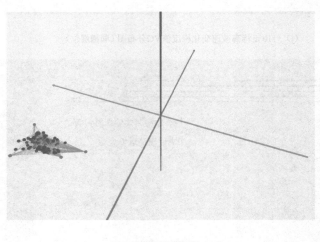

（b）反演射线覆盖图

图 6-9　2022 年 4 月 20 日—2022 年 6 月 27 日 CT 反演结果

（c）+130 m标高波速场分布图（顺槽顶板层位）

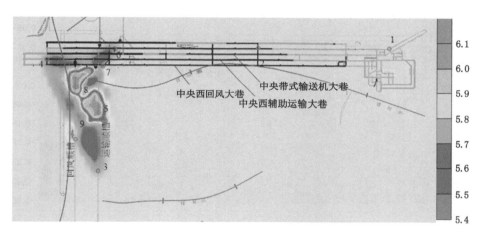

（d）+110 m标高波速场分布图（顺槽层位）

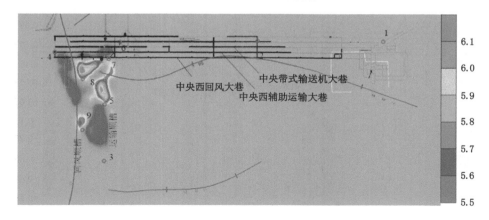

（e）+90 m标高波速场分布图（顺槽底板层位）

图 6-9（续）

（f）+130 m标高波速异常指数A_n分布图（顺槽顶板层位）

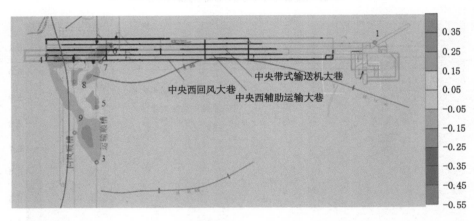

（g）+110 m标高波速异常指数A_n分布图（顺槽层位）

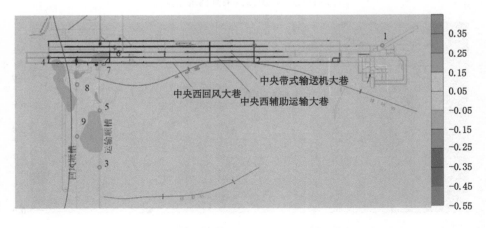

（h）+90 m标高波速异常指数A_n分布图（顺槽底板层位）

图 6-9（续）

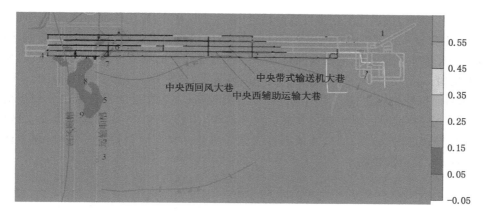

(i) +130 m标高波速变化梯度值VG分布图（顺槽顶板层位）

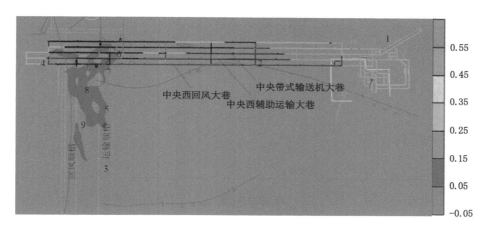

(j) +110 m标高波速变化梯度值VG分布图（顺槽层位）

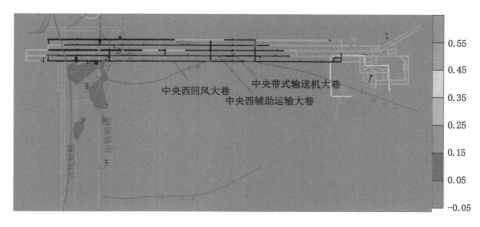

(k) +90 m标高波速变化梯度值VG分布图（顺槽底板层位）

图 6-9（续）

③ 2022 年 6 月 28 日—2022 年 8 月 25 日

如图 6-10 所示,根据反演结果可以分析得出,新庄煤矿 1802 工作面两顺槽掘进时波速异常指数 A_n 主要分布在工作面回风顺槽掘进迎头,回风顺槽靠近乔家庙向斜构造影响区域,顺槽、大巷、泄水巷等巷道交岔、巷道集中区域。异常值空间上的垂直分布在顺槽、顶板、底板层位上基本均匀。总体危险程度以弱为主,局部区域为中(波速异常指数:$-0.15 < A_n < 0.25$)。1802 工作面回风顺槽掘进迎头周围应力集中程度较高;大巷靠近顺槽区域由于掘进活动影响,也存在一定的危险性;泄水巷道和靠近大巷的煤、岩巷道施工,致使其巷道交岔区域,煤岩体活动频繁,危险性较高;回风顺槽掘进部分区域受乔家庙向斜构造的影响,煤岩体应力集中较为明显,危险性较高。

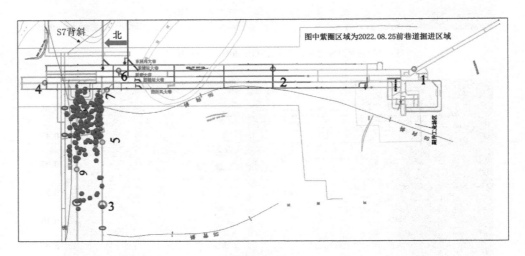

(a) 震源分布图

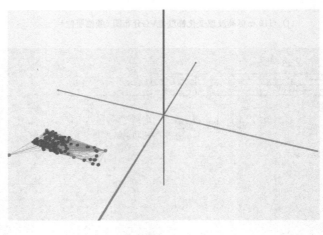

(b) 反演射线覆盖图

图 6-10　2022 年 6 月 28 日—2022 年 8 月 25 日 CT 反演结果

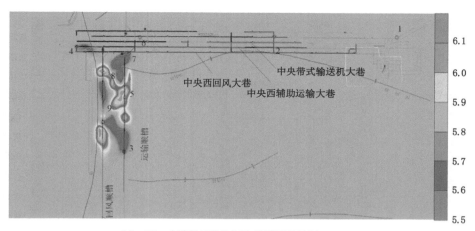

（c）+120 m标高波速场分布图（顺槽顶板层位）

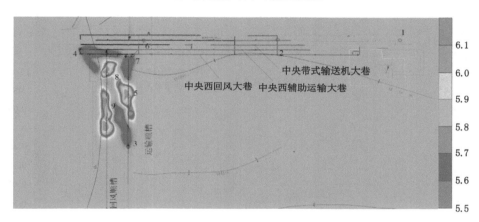

（d）+110 m标高波速场分布图（顺槽层位）

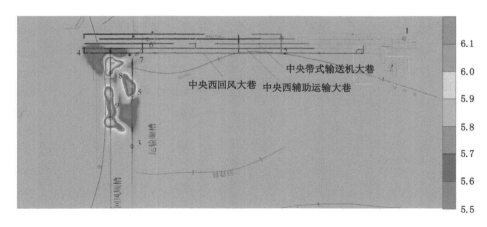

（e）+100 m标高波速场分布图（顺槽底板层位）

图 6-10（续）

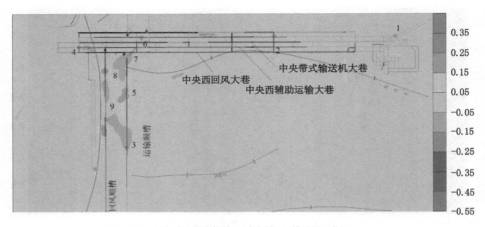

（f）+120 m标高波速异常指数A_n分布图（顺槽顶板层位）

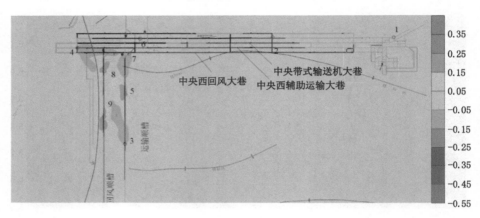

（g）+110 m标高波速异常指数A_n分布图（顺槽层位）

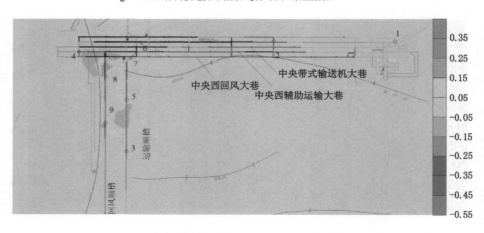

（h）+100 m标高波速异常指数A_n分布图（顺槽底板层位）

图 6-10（续）

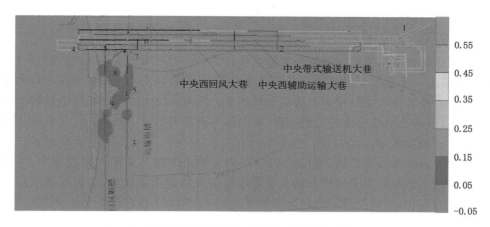

（i）+120 m标高波速变化梯度值VG分布图（顺槽顶板层位）

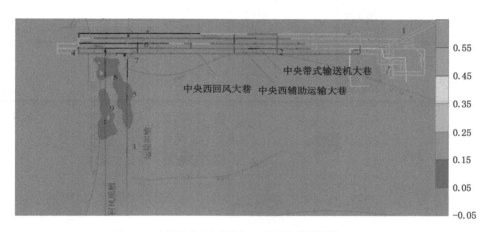

（j）+100 m标高波速变化梯度值VG分布图（顺槽层位）

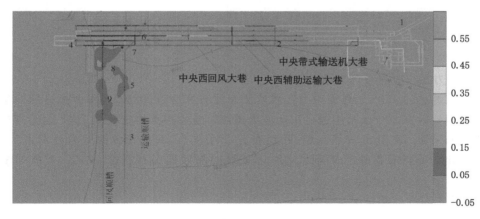

（k）+100 m标高波速变化梯度值VG分布图（顺槽底板层位）

图 6-10（续）

6.2.3 应力在线监测技术及监测情况

（1）应力在线监测技术

冲击地压的发生是静载和动载叠加的结果，因此，在对开采诱发动载进行微震区域监测的同时，还需进一步重点监测巷道及工作面周围应力（静载）、支承压力的大小和应力集中程度。在线应力监测技术主要用于测试巷道两侧应力分布及大小、应力峰值位置和支承压力的变化情况，为冲击地压灾害的监测预警、矿山压力的预测预报、巷道布置、工作面支护设计等提供设计和决策依据。

工作面应力在线监测系统（见图6-11），在较高冲击危险工作面回采过程中，可通过该系统在线监测工作面前方采动应力场及特定区域应力场的变化规律，实时反映采煤工作面煤体内的应力变化，及时发现应力超限预警区域，为工作面冲击危险防治提供依据。

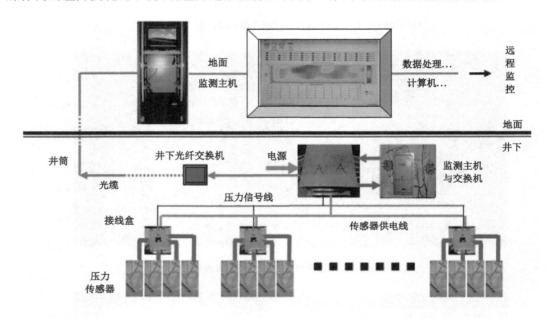

图 6-11 工作面应力实时监测预警系统

（2）应力在线监测布置方案

以目前掘进的1802工作面应力在线监测布置方案为例，1802工作面掘进期间主要针对工作面迎头后方200 m范围进行采动应力监测。应力传感器安装在1802运输顺槽和回风顺槽的回采帮，每30 m安设一组，每组布置2个测点，测点安装深度为分别为13 m和9 m，同一组内测点沿巷道走向间距为2 m，安装时滞后迎头不超过30 m。具体如图6-12所示。

（3）应力在线监测情况

选取2022年10月1日至2022年10月15日期间的1802工作面顺槽应力在线监测数据进行分析，如图6-13、图6-14所示。可以看出，在监测的时间段内1802工作面运输顺槽浅孔应力测点数据主要集中在3～7 MPa，深孔应力测点数据主要集中在3～10 MPa；回风顺槽浅孔应力测点数据主要集中在2～6 MPa，深孔应力测点数据主要集中在3～9 MPa，深

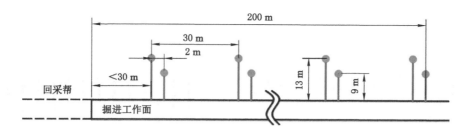

图 6-12　应力在线监测布置示意图

基点和浅基点应力平均值差别较小。运输顺槽、回风顺槽各监测点应力会随着掘进活动的进行而变化,但应力变化范围较小,且有较多监测点应力数值出现下降情况,监测期间深浅孔均未出现预警情况,与现阶段工作面整体较低的冲击危险程度较为符合,说明了应力监测系统在新庄煤矿当前阶段监测效果良好。

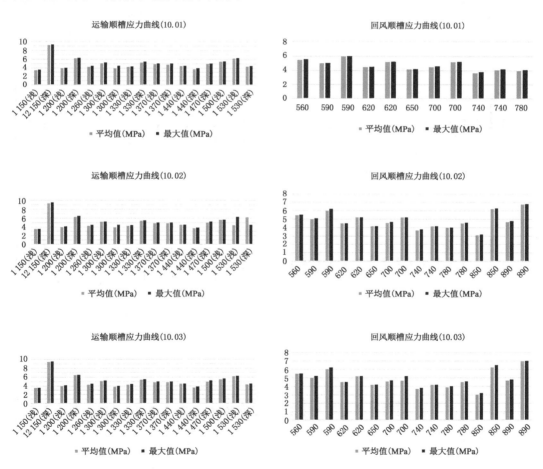

图 6-13　1802 工作面顺槽应力在线当日监测平均值、最大值柱状图

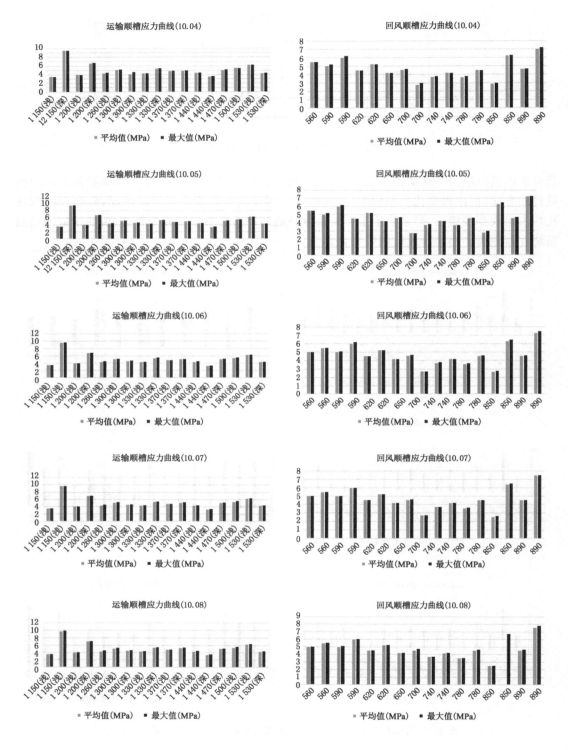

图 6-13(续)

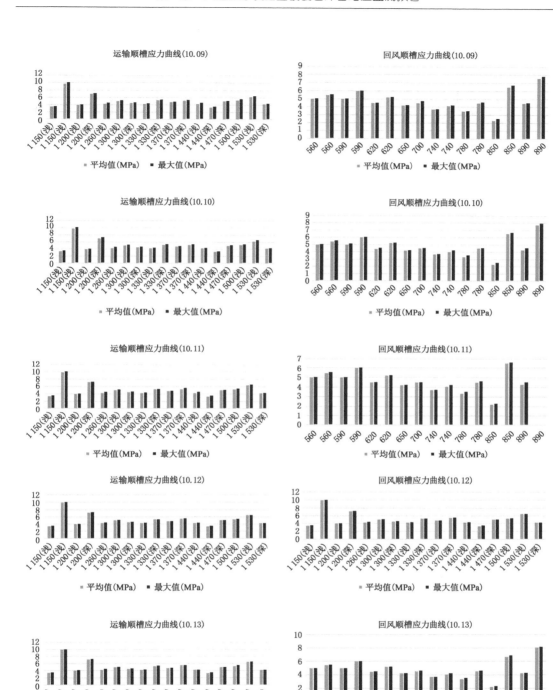

图 6-13(续)

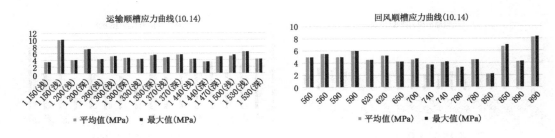

图 6-13（续）

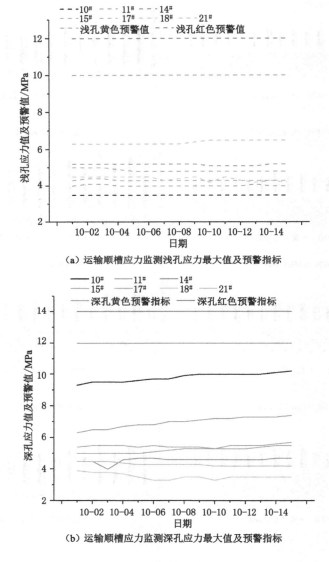

（a）运输顺槽应力监测浅孔应力最大值及预警指标

（b）运输顺槽应力监测深孔应力最大值及预警指标

图 6-14　1802 工作面运顺 14 测点监测深浅孔应力值分析

1802 工作面运输顺槽、回风顺槽部分测点数值未超过应力预警临界值,但与其他测点应力值相比相对较大,如 1802 运输顺槽 10$^\#$ 深孔基点数值较大(10.3 MPa),且该测点距掘进工作面距离超过 300 m,处于掘进扰动范围外,因此需分析该点应力值较大的原因,对其监测的数据进行校验。

6.2.4　钻屑法及监测情况

（1）钻屑法

煤的冲击倾向性和支承压力带特征是预测冲击地压的主要依据。煤的冲击倾向性是煤岩体产生冲击破坏的固有属性,可由实验室测定。支承压力分布带的测定,即支承压力峰值大小及其距煤壁的距离、支承压力带参数的测定,一般可采用钻屑法探测。

钻屑法是通过在煤层中打直径 42 mm 的钻孔,根据排出的煤粉量及其变化规律和有关动力效应,鉴别冲击危险的一种方法。该方法的基本理论和最初试验始于 20 世纪 60 年代,其理论基础是钻出煤粉量与煤体应力状态具有定量关系,即其他条件相同的煤体,当应力状态不同时,其钻孔钻出的煤粉量也不同。单位长度的排粉率增大或超过标定值,表示应力集中程度增加和矿压危险性提高。

对于一定条件的煤体,在正常应力作用下,不同钻孔深度煤体的应力状态是不同的,此时钻孔的煤粉量也不相同。当煤层的应力集中程度增加或应力状态异常时,钻孔的煤粉量将发生改变。根据煤粉量的变化,即可预测煤体的受力状态,并进一步预测矿压危险性。大量井下试验证实了钻孔效应的存在。

（2）钻屑法布置方案

以当前掘进的 1802 工作面顺槽为例,其掘进期间钻屑法监测实施方案如下。

① 监测范围

a. 掘进迎头及迎头后方 60 m 范围巷道两帮;b. 根据微震、应力在线等监测系统确定的冲击地压预警区域;c. 现场出现明显变形或动力显现等异常情况区域。

② 监测频次

具有强冲击危险的区域(预警区域)每天检验 1 次;中等危险区域每 2 天监测 1 次;其他区域每 3 天检测一次。其中掘进工作面迎头应满足不小于 5 m 的超前监测距离。

③ 钻孔布置

掘进迎头钻孔布置:强冲击危险区域(预警区域)掘进迎头布置 2 个钻孔,钻孔间距为 1.5~2.0 m;中等及弱冲击危险区域迎头布置 1 个钻孔。

迎头后方 60 m 范围内:强冲击危险区域(预警区域)两帮钻孔间距为 10 m;中等危险区域钻孔间距为 20 m;弱冲击危险区域钻孔间距 30 m。钻孔垂直于煤壁或平行于煤层布置,钻孔深度为 12 m。

④ 施工方法

采用手持式气动钻机施工监测钻孔。采用插销式连接的麻花钻杆,每节长 1 m、ϕ42 mm 的钻头。钻孔方向为沿煤层方向垂直于巷帮。钻孔施工过程中不得来回进、退钻,每钻进 1 m 深度,钻机要实施空转,以使煤粉全部排出。用胶织袋或塑料布等收集钻出的煤粉,用弹簧秤称量煤粉的重量,每钻进 1 m 测量 1 次钻屑量。

⑤ 监测内容

正常情况下,钻孔施工深度为 12 m,如果在 12 m 范围内监测到有矿压危险,或遇到吸钻、卡钻等异常动力现象导致无法钻进,可不再钻进。此时,必须进行加密检测,确定矿压危险范围。钻孔施工负责人用专用表格记录打眼地点、时间、钻屑排出量,以及打眼过程中出现的钻杆跳动、卡钻、劈裂声和微冲击等动力现象。

(3)钻屑法监测情况

选取 2022 年 10 月 1 日至 2022 年 10 月 18 日期间的 1802 工作面顺槽钻屑法监测数据分析,其间共进行了 8 次钻屑监测,如图 6-15 所示。监测值均未超预警临界值,且根据现场反馈,钻屑施工过程中无吸钻、卡钻、顶钻等冲击动力显现,钻屑监测正常,与微震监测、应力在线监测等结果较为符合,说明该阶段工作面整体应力水平较低。这进一步说明了钻屑法在新庄煤矿当前阶段监测效果良好。

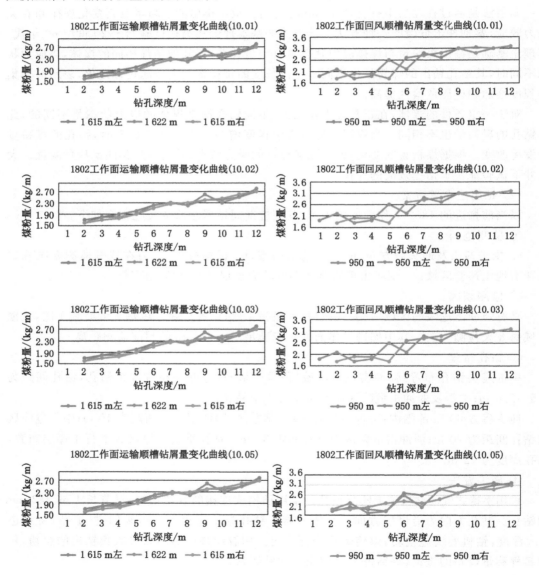

图 6-15　1802 工作面顺槽钻屑法监测情况(2022 年 10 月 1 日至 2022 年 10 月 18 日)

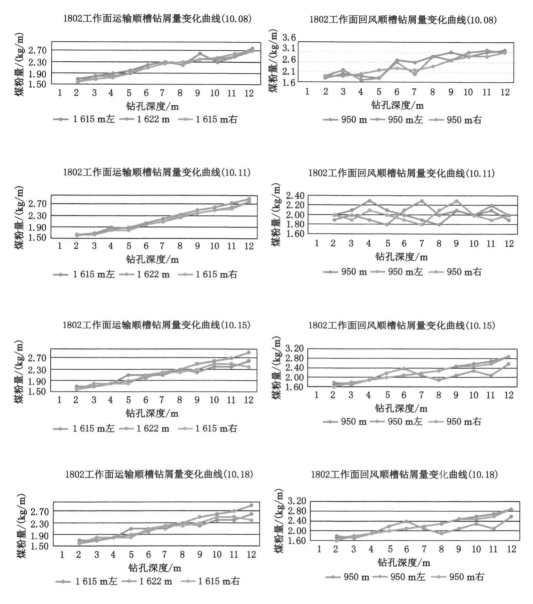

图 6-15（续）

6.2.5　新庄煤矿当前阶段监测预警指标

目前新庄煤矿受采掘现状及接续安排等情况影响，仅对掘进期间的各监测手段制定了冲击危险监测预警指标。

（1）微震监测预警指标

根据微震监测已积累的监测预警经验，通过微震活动评价工作面冲击危险性的规律主要有以下几点。

① 微震活动一直比较平静,持续保持在较低的能量水平,处于能量稳定释放状态,此时采掘区域冲击危险性较小。

② 强矿震发生或冲击危险上升前,矿震频次与能量迅速增加,维持在较高水平,持续2~3天后会出现大的震动,之后矿震次数和矿震能量明显降低。

③ 工作面采掘过程中,岩体中能量的释放总是处于一种波动状态,对应积聚和能量释放的频繁转换,而在具有冲击危险时,这种波动状态开始加剧。震源总能量变化趋势首先经历一个震动活跃期,之后出现较明显的下降阶段,开始具有冲击危险性;而在下降阶段再回升或下降阶段中出现比较长时间的沉寂现象后,或震动频次维持在较高水平时,具有冲击危险性。

④ 震动相对于观测巷道的位置变化:a. 在震源向采煤工作面或巷道迎头接近时,冲击地压危险上升;b. 当震源向离生产区域较近的断层、遗留煤柱、停采线等区域积聚时,这是冲击危险上升的征兆;c. 在震源向采空区方向远离采煤工作面或巷道迎头时,冲击地压危险下降;d. 震动频次升高后,若总是集中在一个较小的区域内释放能量,说明岩体的某个小区域内岩体活动加剧,是强矿震来临或冲击危险上升的又一个前兆。

新庄煤矿采用微震监测系统进行冲击地压预警时,除根据上述微震事件发生趋势进行预警外,参考周边矿井选择以下微震数据作为预警指标:① 震动能量的最大值 E_{max};② 一定推进距释放的微震能量总和($\sum E$)。微震监测系统监测预警指标见表 6-8。

表 6-8　新庄煤矿 1802 工作面掘进期间微震监测预警指标

危险状态	掘进期间微震预警指标
A	1. $E_{max} < 2.5 \times 10^3$ J; 2. $\sum E < 5 \times 10^3$ J; 3. 无矿压显现、无震动
B	1. 2.5×10^3 J $\leqslant E_{max} < 2.5 \times 10^4$ J; 2. 5×10^3 J $\leqslant \sum E < 5 \times 10^4$ J; 3. 无矿压显现
C	1. 2.5×10^4 J $\leqslant E_{max} < 2.5 \times 10^5$ J; 2. 5×10^4 J $\leqslant \sum E < 5 \times 10^5$ J; 3. 有矿压显现,有变形、破坏
D	1. $E_{max} \geqslant 2.5 \times 10^5$ J; 2. $\sum E \geqslant 5 \times 10^5$ J; 3. 矿压显现明显,变形大

表 6-8 中,E_{max} 为单个事件最大能量;$\sum E$ 为掘进期间每天释放总能量。

当微震监测预警结果达到 C 及以上时,应结合现场条件采取相应措施。除上述指标外,还应结合微震事件发生规律进行预警,如强矿震发生前,一般微震次数和微震能量迅速增加,维持在较高水平,持续 2～3 d 后会出现大的震动,之后矿震次数和矿震能量明显降低。若频次与能量持续低于正常水平,也预示将有大能量矿震发生。

由于冲击地压的复杂性,新庄矿还缺乏大量监测数据的统计分析,上述预警指标在监测过程中还应结合现场实际情况,积极总结规律,根据现场实际和积累的数据进一步修订初值,优化微震监测预警指标体系。

（2）应力监测预警指标

通过对煤体应力监测数据的处理可实现对监测区域煤岩体应力水平的实时掌握,包括应力集中区位置、应力集中程度、应力变化趋势等。显示方式包括曲线显示、云图显示和等值线显示,其中云图不同颜色对应不同的危险程度。

采动应力监测预警采用应力大小、应力增幅（设备故障除外）两个指标,应力监测预警值见表 6-9。当任意一个指标达到预警值后,应结合现场情况采取相应措施,最大限度地降低工作面冲击危险。

表 6-9　应力在线监测预警指标

预警类型	浅孔应力/MPa	深孔应力/MPa	应力增幅
黄色预警	10	12	24 h 内单个应力计增值达到 2 MPa 及以上
红色预警	12	14	24 h 时内单个应力计增值达到 4 MPa 及以上

黄色预警时,预警现场停止作业,撤离危险区域人员,分析预警原因,工作面停产 60 min 后进行卸压解危,确认消除危险达到防冲要求,2 h 内降低至应力预警值以下,然后方可恢复作业,否则按红色报警处置。

红色报警时,现场停止作业,撤离危险区域人员,分析预警原因,确保安全后对报警区进行解危,确认消除危险,补强支护,达到防冲要求,应力降低至应力预警值以下方可恢复生产。

煤体应力监测系统在进行预警时,阈值的设定需根据冲击地压理论和煤矿现场的实际条件综合确定,初始预警值的确定参考以往监测数据,在掘进期间,预警值应根据初期应用效果不断优化。地面监控中心人员通过该功能可及时掌握采掘工作面冲击地压发生可能性,为科学组织避灾及针对性解危提供依据。

（3）钻屑监测预警指标

为了确定煤粉量的临界值,首先需要分别对掘进工作面巷道取标准煤粉量。钻孔数量不低于 5 个,对其进行取平均处理,作为标准煤粉量（正常值）,在此基础上,再结合钻粉率指数,确定冲击危险的煤粉量的临界值。

测量标准钻粉量时应避开超前支承压力影响带、地质构造影响带、残留煤柱影响带等典型应力异常区域。测量过程中,派专人现场收集钻屑数据并详细记录钻孔过程中的各种动力效应及煤粉湿度。钻粉率指数 k 为每米实际钻粉量与每米正常钻粉量的比值。由矿山压力及岩石力学相关理论可知,巷道深部围岩变形破坏程度较浅部围岩要小,且由于处于三轴受力状态,其总体强度明显大于巷道浅部围岩,两区域煤岩体对于压力增量的敏感程度是不同的。因此,在确定临界煤粉量指数时,应将深部高强度区域与巷道浅部围岩区别开来,根据取样现场压力显现及打钻时动力显现情况,建议浅部、中部及深部的钻粉率指数取如表 6-10 所示数值。

表 6-10　判别工作地点冲击地压危险性的钻粉率指数

钻深巷高比	1.5	1.5~3	3
钻粉率指数	1.5	2~3	≥3

表 6-10 中,孔深巷高比为钻孔深度与巷道高度的比值;钻粉率指数为每米实际煤粉量与每米正常煤粉量(在无采动和地质构造影响区域测得的煤粉量,采样不少于 5 个,取平均值)的比值。

确定标准煤粉量后,根据表 6-10 判别冲击地压危险性的钻屑量指数,得出钻屑法临界煤粉量,如表 6-11 所示。

表 6-11　新庄煤矿钻屑法监测冲击危险钻屑量临界指标

孔深/m	2	3	4	5	6	7	8	9	10	11	12
分段平均钻屑量/(kg/m)		1.51					1.87				1.71
临界煤粉量指数		1.5					2.0				3.0
临界钻屑量/(kg/m)		2.27					3.74				5.13

如果实际煤粉量超过临界煤粉量,或者在钻进过程中出现卡钻、吸钻、煤炮增多等动力现象,则可判定所测地点存在冲击危险,必须采取解危措施。

(4)震动波 CT 反演预警指标

震动波 CT 反演预警指标如表 6-12 所示。

表 6-12　新庄煤矿震动波 CT 反演预警指标

危险等级	A	B	C	D
应力集中及危险特征	无	弱	中	强
波速异常指数 A_n/%	<5	5≤A_n<15	15≤A_n<25	≥25

6.3　矿井冲击危险性预测预警对策

6.3.1　现有冲击危险预测预警方法可行性分析

《防治煤矿冲击地压细则》第四十四条规定,冲击地压矿井必须进行区域危险性预测(以下简称区域预测)和局部危险性预测(以下简称局部预测)。区域预测即对矿井、水平、煤层、采(盘)区进行冲击危险性评价,划分冲击地压危险区域和确定危险等级;局部预测即对采掘工作面和巷道、硐室进行冲击危险性评价,划分冲击地压危险区域和确定危险等级。

《防治煤矿冲击地压细则》第四十五条规定,区域预测与局部预测可根据地质与开采技术条件等,优先采用综合指数法确定冲击危险性,还可采用其他经实践证明有效的方法。预测结果分为四类:无冲击地压危险区、弱冲击地压危险区、中等冲击地压危险区、强冲击地压危险区。根据不同的预测结果制定相应的防治措施。

《防治煤矿冲击地压细则》第四十六条规定,冲击地压矿井必须建立区域与局部相结合的冲击危险性监测制度,区域监测应当覆盖矿井采掘区域,局部监测应当覆盖冲击地压危险区,区域监测可采用微震监测法等,局部监测可采用钻屑法、应力监测法、电磁辐射法等。

(1)当前新庄煤矿主要采掘活动集中在煤 8 层中正在掘进的 1802 工作面顺槽,新庄煤矿目前已完成了煤 8 层、一盘区的冲击危险性评价(区域预测),1802 掘进工作面的冲击危险性评价(局部预测),且对于布置在煤 8 层中的永久硐室及正在揭露的煤 5 层制订了冲击危险性评价的计划。评价方法均采用《煤矿安全规程》《防治煤矿冲击地压细则》中推荐的综合指数法(确定冲击危险等级)及多因素耦合法(确定冲击危险区域)。现有冲击危险预测方法满足矿井冲击地压预测的需求。

(2)当前新庄煤矿针对煤 8 层冲击地压危险监测,采用微震法进行区域监测,采用应力在线监测、钻屑法、震动波 CT 反演技术等进行局部监测,辅以矿压观测法,各监测方法、系统布置符合国标要求。考虑到当前新庄煤矿还未正式投产,掘进活动程度较低,矿井整体冲击危险程度处于可防可控的范围内,现有的监测手段可满足矿井冲击地压监测的需求。

考虑后期开采范围逐渐扩大,新庄煤矿还可采用地音监测法、电磁辐射监测法等。同时考虑到微震、应力在线、钻屑等监测系统独立运行,数据分散处理,在数据管理和数据分析上缺少统一的平台监管,无法有效建立深入挖掘数据信息的综合预警体系,导致多数矿井在使用监测系统上仍停留在分散的单一参量分析上;此外,监测系统采集的大量数据靠人工分析,工作量很大,加之分析人员本身科研素养有限,很难有效地运用科学手段挖掘隐藏在数据中的有用信息源,很大程度上依靠经验进行判断预警,受人为因素影响较大,从而不能充分发挥监测系统对冲击危险进行综合预警的潜力,新庄煤矿还可进一步引进参量综合预警云平台等。

6.3.2　新庄煤矿监测预警指标建立与优化

(1)掘进期间监测预警指标优化

① 微震监测预警指标

对新庄煤矿自微震台站安设以来监测到的微震监测数据分析,截至 2022 年 9 月 6 日,共监测到微震事件 5 881 次,历史单个事件最大释放能量为 5.83×10^4 J。同时,对 1802 工作面两顺槽前期掘进期间的微震数据分析发现,该工作面掘进期间最大单个微震事件能量为 2.09×10^4 J(2022 年 5 月 5 日),该事件发生于工作面回风顺槽侧的乔家庙向斜轴部,且当天在运输顺槽 1 080~1 140 m 处出现了底鼓现象,底鼓量一般为 0.8~1.0 m,底鼓区域长度约 25 m，4$^{\#}$ 抽采钻场出现裂缝，可见单个事件能量达到 2.09×10^4 J 时有可能导致巷道产生变形破坏，更可能诱发次生灾害；全天最大总释放能量为 1.37×10^5 J（2022 年 6 月 10 日），经现场钻屑法、应力在线监测校验未达到预警指标。

新庄煤矿 1802 工作面作为首采面来讲其整体应力水平相对较低，但考虑到该工作面受褶曲、断层、顶板、底煤留设等影响仍具有发生冲击危险的可能性，同时在该工作面顺槽掘进期间多次出现瓦斯超限情况，建议将新庄煤矿 1802 工作面掘进期间部分微震监测预警指标进行优化，见表 6-13。

表 6-13   新庄煤矿 1802 工作面掘进期间微震监测预警指标优化

危险状态	掘进期间微震预警指标
A	1. $E_{max}<2\times10^3$ J； 2. $\sum E<5\times10^3$ J； 3. 无矿压显现、无震动
B	1. 2×10^3 J$\leqslant E_{max}<2\times10^4$ J； 2. 5×10^3 J$\leqslant\sum E<5\times10^4$ J； 3. 无矿压显现
C	1. 2×10^4 J$\leqslant E_{max}<1\times10^5$ J； 2. 5×10^4 J$\leqslant\sum E<2.5\times10^5$ J； 3. 有矿压显现，有变形、破坏
D	1. $E_{max}\geqslant1\times10^5$ J； 2. $\sum E\geqslant2.5\times10^5$ J； 3. 矿压显现明显，变形大

注：此预警指标为根据前期 1802 工作面的观测分析而确定的指标，但微震预警指标并非一成不变，必要时需根据监测数据的积累、冲击地压显现情况以及条件的改变而修改。

② 应力在线预警指标

目前新庄煤矿 1802 工作面已安设的应力在线监测系统以监测点的应力大小、应力增幅作为冲击危险的监测指标，考虑到工作面掘进期间并未出现大能量微震事件或动力显现现象，各监测点的应力大小、应力增幅并未超过设定的预警值，且现有数据量较少，规律性不明显，因此本次不对应力监测预警指标进行优化。

③ 钻屑指标

在新庄煤矿 1802 工作面顺槽开门处选取了不低于 5 个钻孔取标准煤粉量，避开了超前支承压力影响带、地质构造影响带、残留煤柱影响带等典型应力异常区域而测量得到了标准煤粉量，根据孔深巷高比对照国标选取了最小的临界煤粉量指数，最终得到了 1802 工作面掘进期间临界煤粉指数。在 1802 工作面前期,顺槽掘进期间钻屑监测均处于临界值下,且钻进过程中未出现钻杆跳动、卡钻、劈裂声和微冲击等动力现象,因此现有钻屑监测指标较为合理,本次不进行优化。

④ 震动波 CT 反演指标

根据前三次 1802 工作面掘进期间的震动波 CT 反演可知,两顺槽掘进时波速异常指数 A_n 主要分布在掘进头后方、泄水巷等巷道交岔,乔家庙向斜及 S6 向斜构造等应力集中区,反演结果显示顺槽掘进期间总体危险程度以弱为主,局部区域为中,与 1802 工作面事件情况较为相符,因此现有震动波 CT 反演指标较为合理,本次不进行优化。

(2)回采期间监测预警指标建立

① 微震监测预警指标

目前新庄煤矿煤 8 层工作面还未回采,缺少回采期间的微震监测数据及现场显现情况作为依据。SOS 微震监测系统已经在国内外安装了近百套,经过多年对 SOS 微震监测系统监测数据的统计,得出相关的冲击危险判断指标,初步确定回采期间的监测预警指标如表 6-14 所示。

表 6-14　新庄煤矿煤 8 层回采期间微震监测预警指标

等级	危险等级	回采期间微震预警指标
A	无冲击危险	每 5 m 推进度 $E_{max} < 1 \times 10^4$ J 或 $\sum E < 10^5$ J
B	弱冲击危险	每 5 m 推进度 1×10^4 J $< E_{max} \leqslant 1 \times 10^5$ J 或 10^5 J $\leqslant \sum E < 5 \times 10^5$ J
C	中等冲击危险	每 5 m 推进度 1×10^5 J $< E_{max} \leqslant 5 \times 10^5$ J 或 5×10^5 J $\leqslant \sum E < 10^6$ J
D	强冲击危险	每 5 m 推进度 $E_{max} > 5 \times 10^5$ J 或 $\sum E \geqslant 10^6$ J

② 应力在线监测预警指标(表 6-15)

表 6-15　应力在线监测预警指标

预警类型	浅孔应力/MPa	深孔应力/MPa	应力增幅
黄色预警	10	12	24 h 内单个应力计增值达到 2 MPa 及以上
红色预警	12	14	24 h 内单个应力计增值达到 4 MPa 及以上

黄色预警时,预警现场停止作业,撤离危险区域人员,分析预警原因,工作面停产 60 min 后进行卸压解危,确认消除危险达到防冲要求,2 h 内降低至应力预警值以下,然后方可恢复作业,否则按红色报警处置。

红色报警时,现场停止作业,撤离危险区域人员,分析预警原因,确保安全后对报警区进行解危,确认消除危险,补强支护,达到防冲要求,应力降低至应力预警值以下方可恢复生产。

③ 钻屑监测预警指标(表 6-16)

表 6-16　新庄煤矿钻屑法监测冲击危险钻屑量临界指标

孔深/m	2	3	4	5	6	7	8	9	10	11	12
分段平均钻屑量/(kg/m)	1.51				1.87						1.71
临界煤粉量指数	1.5				2.0						3.0
临界钻屑量/(kg/m)	2.27				3.74						5.13

如果实际煤粉量超过临界煤粉量,或者在钻进过程中出现卡钻、吸钻、煤炮增多等动力现象,则可判定所测地点存在冲击危险,必须采取解危措施。

④ 震动波 CT 反演预警指标

震动波 CT 反演预警指标如表 6-17。

表 6-17　新庄煤矿震动波 CT 反演预警指标

危险等级	A	B	C	D
应力集中及危险特征	无	弱	中	强
波速异常指数 A_n/%	<5	$5 \leqslant A_n < 15$	$15 \leqslant A_n < 25$	$\geqslant 25$

上述回采期间的各监测系统的预警值是根据经验及邻近矿井得出的初设指标,仅适用于矿井煤 8 层首采工作面回采初期。后期随煤 8 层开采范围逐渐扩大,煤岩体扰动程度也逐渐增加,因此需在所设预警临界指标初值应用的基础上结合后期数据不断修正、优化,提高各监测预警指标的准确性。

6.3.3　新庄煤矿冲击危险监测预警体系

以上综述的冲击地压监测方法在应用过程中须配合使用,首先根据综合指数法和多因素耦合分析方法分析地质和开采条件,划分出新庄煤矿冲击地压危险区域及重点监测区域,实现冲击地压的早期评价。在早期评价的基础上,采用微震监测系统对新庄煤矿冲击地压的危险性进行分时段分区域监测预警。对于有冲击危险的局部区域,采用在线应力监测、震动波 CT 反演、钻屑法等方法进行局部监测预警,综合确定冲击地压的危险等级,并对危险区域和地点采用强度弱化减冲技术进行综合治理,以达到减弱、消除工作面冲击地压危险的目的。

因此,对于新庄煤矿较高冲击危险区域,将上述时间上早期综合分析与即时监测预警相结合,空间上区域预测与局部监测、点预测相结合,构成可靠性高、简单易行、行之有效的冲击地压危险性预测技术体系,如图 6-16 所示。依据分析监测预警的结果,确定冲击地压危险程度等级,并采用相应的解危和处理方案。

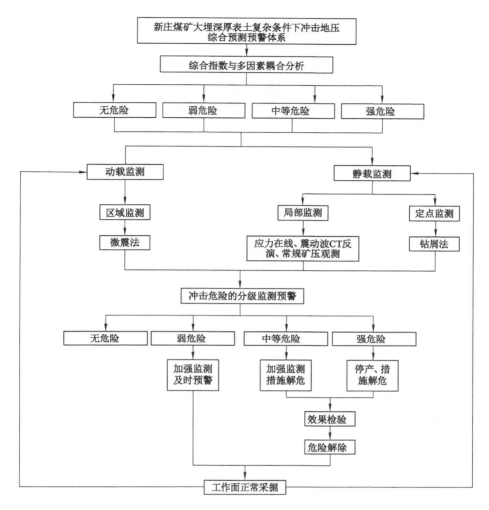

图 6-16　新庄煤矿大埋深厚表土复杂条件下冲击地压综合预测预警体系

参 考 文 献

[1] 蔡武.断层型冲击矿压的动静载叠加诱发原理及其监测预警研究[D].徐州:中国矿业大学,2015.

[2] 曹安业.采动煤岩冲击破裂的震动效应及其应用研究[D].徐州:中国矿业大学,2009.

[3] 曹安业,陈凡,刘耀琪,等.冲击地压频发区矿震破裂机制与震源参量响应规律[J].煤炭学报,2022,47(2):722-733.

[4] 曹安业,范军,牟宗龙,等.矿震动载对围岩的冲击破坏效应[J].煤炭学报,2010,35(12):2006-2010.

[5] 曹安业,刘耀琪,蒋思齐,等.临地堑开采冲击地压发生机制及主控因素研究[J].采矿与安全工程学报,2022,39(1):36-44.

[6] 陈国祥.最大水平应力对冲击矿压的作用机制及其应用研究[D].徐州:中国矿业大学,2009.

[7] 成云海,姜福兴.冲击地压矿井微地震监测试验与治理技术研究[M].北京:煤炭工业出版社,2011.

[8] 窦林名,何江,曹安业,等.煤矿冲击矿压动静载叠加原理及其防治[J].煤炭学报,2015,40(7):1469-1476.

[9] 窦林名,何学秋.冲击矿压防治理论与技术[M].徐州:中国矿业大学出版社,2001.

[10] 窦林名,何学秋,王恩元,等.由煤岩变形冲击破坏所产生的电磁辐射[J].清华大学学报(自然科学版),2001,41(12):86-88.

[11] 窦林名,贺虎.煤矿覆岩空间结构 OX-F-T 演化规律研究[J].岩石力学与工程学报,2012,31(3):453-460.

[12] 窦林名,陆莱平,牟宗龙,等.煤矿围岩控制及监测技术[M].徐州:中国矿业大学出版社,2014.

[13] 窦林名,牟宗龙,曹安业,等.冲击矿压防治技术[M].徐州:中国矿业大学出版社,2020.

[14] 窦林名,牟宗龙,曹安业,等.煤矿冲击矿压防治[M].北京:科学出版社,2017.

[15] 窦林名,牟宗龙,陆莱平,等.采矿地球物理理论与技术[M].北京:科学出版社,2014.

[16] 窦林名,田鑫元,曹安业,等.我国煤矿冲击地压防治现状与难题[J].煤炭学报,2022,47(1):152-171.

[17] 窦林名,赵从国,杨思光,等.煤矿开采冲击矿压灾害防治[M].徐州:中国矿业大学出版社,2006.

[18] 窦林名,周坤友,宋士康,等.煤矿冲击矿压机理、监测预警及防控技术研究[J].工程地质学报,2021,29(4):917-932.

[19] 窦林名,邹喜正,曹胜根,等.煤矿围岩控制[M].徐州:中国矿业大学出版社,2010.

[20] 高明仕.冲击矿压巷道围岩的强弱强结构控制机理研究[D].徐州:中国矿业大学,2006.

[21] 巩思园.矿震震动波波速层析成像原理及其预测煤矿冲击危险应用实践[D].徐州:中国矿业大学,2010.

[22] 巩思园,窦林名.煤矿冲击矿压震动波 CT 预测原理与技术[M].徐州:中国矿业大学出版社,2013.

[23] 巩思园,窦林名,何江,等.深部冲击倾向煤岩循环加卸载的纵波波速与应力关系试验研究[J].岩土力学,2012,33(1):41-47.

[24] 贺虎.煤矿覆岩空间结构演化与诱冲机制研究[D].徐州:中国矿业大学,2012.

[25] 贺虎,窦林名,巩思园,等.冲击矿压的声发射监测技术研究[J].岩土力学,2011,32(4):1262-1268.

[26] 贺虎,窦林名,巩思园,等.高构造应力区矿震规律研究[J].中国矿业大学学报,2011,40(1):7-13.

[27] 何江.煤矿采动动载对煤岩体的作用及诱冲机理研究[D].徐州:中国矿业大学,2013.

[28] 何江,窦林名,贺虎,等.综放面覆岩运动诱发冲击矿压机制研究[J].岩石力学与工程学报,2011,30(S2):3920-3927.

[29] 黄庆享,高召宁.巷道冲击地压的损伤断裂力学模型[J].煤炭学报,2001,26(2):156-159.

[30] 姜耀东,潘一山,姜福兴,等.我国煤炭开采中的冲击地压机理和防治[J].煤炭学报,2014,39(2):205-213.

[31] 姜耀东,赵毅鑫.我国煤矿冲击地压的研究现状:机制、预警与控制[J].岩石力学与工程学报,2015,34(11):2188-2204.

[32] 姜耀东,赵毅鑫,宋彦琦,等.放炮震动诱发煤矿巷道动力失稳机理分析[J].岩石力学与工程学报,2005,24(17):3131-3136.

[33] 蓝航,齐庆新,潘俊锋,等.我国煤矿冲击地压特点及防治技术分析[J].煤炭科学技术,2011,39(1):11-15.

[34] 李铁,蔡美峰,孙丽娟,等.强矿震地球物理过程及短临阶段预测的研究[J].地球物理学进展,2004,19(4):961-967.

[35] 李铁,冀林旺,左艳,等.预测较强矿震的地震学方法探讨[J].东北地震研究,2003,19(1):53-59.

[36] 李晓红,卢义玉,康勇,等.岩石力学实验模拟技术[M].北京:科学出版社,2007.

[37] 李志华.采动影响下断层滑移诱发煤岩冲击机理研究[D].徐州:中国矿业大学,2009.

[38] 刘鸿文.材料力学-Ⅱ[M].4版.北京:高等教育出版社,2004.

[39] 刘耀琪,曹安业,王常彬,等.基于震源机制与定位误差校准的冲击地压危险预测方法[J].煤炭学报,2023,48(5):2065-2077.

[40] 陆菜平,窦林名.煤矿冲击矿压强度的弱化控制原理[M].徐州:中国矿业大学出版社,2012.

[41] 陆菜平,窦林名,曹安业,等.深部高应力集中区域矿震活动规律研究[J].岩石力学与

工程学报,2008,27(11):2302-2308.

[42] 牟宗龙.顶板岩层诱发冲击的冲能原理及其应用研究[J].中国矿业大学学报,2009
(1):149-150.

[43] 牟宗龙,窦林名,曹安业,等.采矿地球物理学基础[M].徐州:中国矿业大学出版
社,2018.

[44] 牟宗龙,窦林名,李位民.顶板岩层诱发冲击矿压的机理[M].徐州:中国矿业大学出版
社,2013.

[45] 潘俊锋,毛德兵,等.冲击地压启动理论与成套技术[M].徐州:中国矿业大学出版
社,2016.

[46] 潘一山.冲击地压工程学[M].北京:高等教育出版社,2022.

[47] 潘一山.煤矿冲击地压[M].北京:科学出版社,2018.

[48] 潘一山,代连朋.煤矿冲击地压发生理论公式[J].煤炭学报,2021,46(3):789-799.

[49] 潘一山,赵扬锋,马瑾.中国矿震受区域应力场影响的探讨[J].岩石力学与工程学报,
2005,24(16):2847-2853.

[50] 庞杰文.地应力场测量及其对冲击地压的影响研究[M].北京:煤炭工业出版社,2018.

[51] 庞义辉,王国法,李冰冰.深部采场覆岩应力路径效应与失稳过程分析[J].岩石力学与
工程学报,2020,39(4):682-694.

[52] 齐庆新,窦林名.冲击地压理论与技术[M].徐州:中国矿业大学出版社,2008.

[53] 齐庆新,李一哲,赵善坤,等.我国煤矿冲击地压发展70年:理论与技术体系的建立与
思考[J].煤炭科学技术,2019,47(9):1-40.

[54] 齐庆新,潘一山,李海涛,等.煤矿深部开采煤岩动力灾害防控理论基础与关键技术
[J].煤炭学报,2020,45(5):1567-1584.

[55] 齐庆新,史元伟,刘天泉.冲击地压粘滑失稳机理的实验研究[J].煤炭学报,1997,22
(2):144-148.

[56] 钱鸣高,缪协兴,许家林,等.岩层控制的关键层理论[M].徐州:中国矿业大学出版
社,2003.

[57] 钱鸣高,石平五.矿山压力与岩层控制[M].徐州:中国矿业大学出版社,2004.

[58] 曲效成,姜福兴,于正兴,等.基于当量钻屑法的冲击地压监测预警技术研究及应用
[J].岩石力学与工程学报,2011,30(11):2346-2351.

[59] 沈威.煤层巷道掘进围岩应力路径转换及其冲击机理研究[D].徐州:中国矿业大
学,2018.

[60] 孙强,刘晓斐,薛雷.煤系岩石脆性破坏临界电磁辐射信息分析[J].应用基础与工程科
学学报,2012,20(6):1006-1013.

[61] 王桂峰,窦林名,李振雷,等.支护防冲能力计算及微震反求支护参数可行性分析[J].
岩石力学与工程学报,2015,34(S2):4125-4131.

[62] 王金安,李飞.复杂地应力场反演优化算法及研究新进展[J].中国矿业大学学报,
2015,44(2):189-205.

[63] 王树仁,程玉生.钻眼爆破简明教程[M].徐州:中国矿业大学出版社,1989.

[64] 王正义,窦林名,王桂峰.动载作用下圆形巷道锚杆支护结构破坏机理研究[J].岩土工

程学报,2015,37(10):1901-1909.

[65] 吴建星,刘佳.矿山微震定位计算与应用研究[J].武汉科技大学学报(自然科学版),2013,36(4):308-310.

[66] 谢和平,彭苏萍,何满潮.深部开采基础理论与工程实践[M].北京:科学出版社,2006.

[67] 徐学锋.煤层巷道底板冲击机理及其控制研究[D].徐州:中国矿业大学,2011.

[68] 徐曾和,徐小荷,唐春安.坚硬顶板下煤柱岩爆的尖点突变理论分析[J].煤炭学报,1995(5):485-491.

[69] 杨善元.岩石爆破动力学基础[M].北京:煤炭工业出版社,1993.

[70] 翟明华,姜福兴,齐庆新,等.冲击地压分类防治体系研究与应用[J].煤炭学报,2017,42(12):3116-3124.

[71] 张全,邹俊鹏,吴坤波,等.深部采煤上覆关键层破断诱发矿震特征研究[J].岩石力学与工程学报,2023,42(5):1150-1161.

[72] 张茹,谢和平,刘建锋,等.单轴多级加载岩石破坏声发射特性试验研究[J].岩石力学与工程学报,2006,25(12):2584-2588.

[73] 张晓春,缪协兴,翟明华,等.三河尖煤矿冲击矿压发生机制分析[J].岩石力学与工程学报,1998,17(5):508-513.

[74] 朱建波,马斌文,谢和平,等.煤矿矿震与冲击地压的区别与联系及矿震扰动诱冲初探[J].煤炭学报,2022,47(9):3396-3409.

[75] CAI W,DOU L M,GONG S Y,et al. Quantitative analysis of seismic velocity tomography in rock burst hazard assessment[J]. Natural hazards,2015,75(3):2453-2465.

[76] CAI W,DOU L M,HE J,et al. Mechanical genesis of Henan (China) Yima thrust nappe structure[J]. Journal of Central South University,2014,21(7):2857-2865.

[77] DOU L M,CHEN T J,GONG S Y,et al. Rockburst hazard determination by using computed tomography technology in deep workface[J]. Safety science,2012,50(4):736-740.

[78] DOU L M,HE X Q,HE H,et al. Spatial structure evolution of overlying strata and inducing mechanism of rockburst in coal mine[J]. Transactions of nonferrous metals society of China,2014,24(4):1255-1261.

[79] DOU L M,MU Z L,LI Z L,et al. Research progress of monitoring, forecasting, and prevention of rockburst in underground coal mining in China[J]. International journal of coal science & technology, 2014,1(3):278-288.

[80] FAN J,DOU L M,HE H,et al. Directional hydraulic fracturing to control hard-roof rockburst in coal mines[J]. International journal of mining science and technology, 2012,22(2):177-181.

[81] HE H,DOU L M,FAN J,et al. Deep-hole directional fracturing of thick hard roof for rockburst prevention[J]. Tunnelling and underground space technology,2012,32:34-43.

[82] HOSSEINI N,ORAEE K,SHAHRIAR K,et al. Passive seismic velocity tomography on longwall mining panel based on simultaneous iterative reconstructive technique

(SIRT)[J]. Journal of Central South University,2012,19(8):2297-2306.

[83] LU C P,DOU L M,LIU B,et al. Microseismic low-frequency precursor effect of bursting failure of coal and rock[J]. Journal of applied geophysics,2012,79:55-63.

[84] LU C P,LIU G J,LIU Y,et al. Microseismic multi-parameter characteristics of rockburst hazard induced by hard roof fall and high stress concentration [J]. International journal of rock mechanics and mining sciences,2015,76:18-32.

[85] PENG S S. Topical areas of research needs in ground control-A state of the art review on coal mine ground control [J]. International journal of mining science and technology,2015,25(1):1-6.

[86] SHEN W,DOU L M,HE H,et al. Rock burst assessment in multi-seam mining:a case study[J]. Arabianjournal of geosciences,2017,10(8):196.

[87] Stacey T R. Dynamic rock failure and its containment[C]//Proceedings of the first international conference on rock dynamics and applications. Lausanne:CRC Press,2013.

[88] WANG E Y,HE X Q,WEI J P,et al. Electromagnetic emission graded warning model and its applications against coal rock dynamic collapses[J]. International journal of rock mechanics and mining sciences,2011,48(4):556-564.

[89] WANG G F,GONG S Y,LI Z L,et al. Evolution of stress concentration and energy release before rock bursts:two case studies from Xingan coal mine,Hegang,China [J]. Rockmechanics and rock engineering,2016,49(8):3393-3401.